"ESTIMACIÓN DE FACTORES DE INTENSIDAD DE ESFUERZOS EN SISTEMAS MECANICOS CON FRICCIÓN"

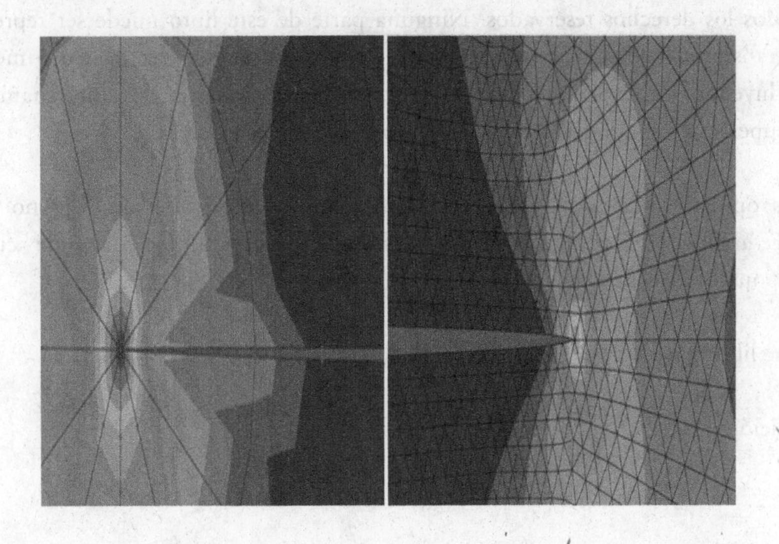

Jorge Bedolla Hernández, Efrén Sánchez Flores,
Vicente Flores Lara, José Víctor Galaviz Rodríguez,
Carlos Alberto Mora Santos,

Número de Control de la Biblioteca del Congreso de EE. UU.: 2013922304
ISBN: Tapa Dura 978-1-4633-4908-0
Tapa Blanda 978-1-4633-4907-3
Libro Electrónico 978-1-4633-4909-7

Este libro fue impreso en los Estados Unidos de América.

Edición 2013

Para realizar pedidos de este libro, contacte con:
Palibrio LLC
1663 Liberty Drive
Suite 200
Bloomington, IN 47403
Gratis desde España al 900.866.949
Gratis desde EE. UU. al 877.407.5847
Gratis desde México al 01.800.288.2243
Desde otro país al +1.812.671.9757
Fax: 01.812.355.1576
ventas@palibrio.com
521759

Agradecimiento

Al Programa de Mejoramiento del Profesorado (PROMEP), es un programa estratégico creado para elevar permanentemente el nivel de habilitación del profesorado con base en los perfiles adecuados para cada subsistema de educación superior. Así, al impulsar la superación sustancial en la formación, dedicación y desempeño de los cuerpos académicos de las instituciones se eleva la calidad de la educación superior.

A las autoridades

Mtro. Felipe Pascual Rosario Aguirre
DIRECTOR
Instituto Tecnológico de Apizaco

Ing. José Luis González Cuéllar
RECTOR
Universidad Tecnológica de Tlaxcala

M. en C. Leoncio González Fernández.
SUBDIRECTOR ACADÉMICO
Instituto Tecnológico de Apizaco

M. en C. Ismael Nava Lumbreras
SECRETARIO ACADÉMICO
Universidad Tecnológica de Tlaxcala

Lic. Frederick García López
SUBDIRECTOR DE SERVICIOS ADMINISTRATIVOS
Instituto Tecnológico de Apizaco

C.P. Verónica Hernández Escamilla
DIRECCIÓN DE ADMINISTRACIÓN Y FINANZAS
Universidad Tecnológica de Tlaxcala

A los cuerpos académicos

Diseño Mecánico y Térmico con la línea de investigación Tecnologías Alternativas del Instituto Tecnológico de Apizaco.

Ingeniería en Procesos con las líneas de Investigación 1. Caracterización de deshidratadoras para mejorar la eficiencia de los procesos productivos, a través del aprovechamiento de las energías renovables y 2. Optimización de procesos de manufactura en las PYMES del Estado de Tlaxcala, de la Universidad Tecnológica de Tlaxcala.

Al Cenidet

Centro Nacional de Investigación y Desarrollo Tecnológico

Resumen

Este trabajo presenta una alternativa para estimar el valor de los factores de intensidad de esfuerzos (SIF por sus siglas en inglés) en un sistema con fricción. Tal estudio se realiza mediante el software ABAQUS®, en el cual se utiliza el método del elemento finito (MEF) y el método del elemento finito extendido (X-FEM) para el análisis. Para el caso del MEF, se presentan simulaciones de placas agrietadas con la finalidad de verificar el proceso del fenómeno de fractura. En el caso del X-FEM, se analiza un engrane con una grieta en la raíz de su diente, a la cual se varía el ángulo de inclinación para verificar cómo afecta la magnitud de los SIF's. De la misma manera se presentan simulaciones para diferentes coeficientes de fricción, esto con la finalidad de analizar la influencia que tiene la fricción sobre los SIF's en el engrane. A partir de los resultados de las simulaciones, se obtienen las curvas de comportamiento de SIF en función del ángulo de la grieta y del coeficiente de fricción. Se realiza el ajuste de estas curvas mediante el método de segmentarias cubicas y se obtienen las ecuaciones que describen el comportamiento del sistema.

Abstract

This work presents an alternative in order to estimate the value of the stress intensity factors (SIF's) in a system with friction. Such a study is carried out with the ABAQUS® software, which considers the finite element method (FEM) and the extended finite element method (X-FEM) as a method of analysis. The FEM simulations present a cracked plate in order to obtain a better understanding of the fracture phenomenon. A gear is analyzed with a crack in the root of its tooth, which varies the angle of inclination to check the angle affects in the SIF's magnitude . Similar simulations are presented in which the friction coefficient exchanges, this is developed to infer the influence of friction on the SIF's in a gear system. Curves for SIF behavior as a function of the crack angle and the friction coefficient using the cubic segmental method are obtained. The curves fit is developed with the cubic segmental method and the equations describing the system behavior are obtained.

Contenido

Lista de figuras

Lista de tablas

Símbolos

A Área.

a Longitud de grieta.

a_c Longitud de grieta crítico.

α Factor de corrección de K

b Espesor de engrane

B Espesor de la placa.

C Complianza.

c_k^α Grados de libertad.

E Modulo de elasticidad.

F Fuerza.

G Rapidez de liberación de energía. Modulo de rigidez.

H Función de Heaviside.

i Dirección perpendicular a la cara donde se aplica la componente de esfuerzo.

j Dirección de la componente de esfuerzo.

J Integral J.

K Factor de intensidad de Esfuerzos.

K_{I_C} Factor de intensidad de esfuerzos crítico.

l Distancia desde la raíz del diente de engrane al punto de aplicación de la carga.

L Longitud.

N Fuerza normal. Función de forma.

$\tilde{N}_k$ Funciones de forma estándar de orden

S_l	Fuerza cortante del lubricante.
r	Coordenada polar
t	Ancho de diente
U_t	Energía elástica total en la placa.
V	Desplazamiento Vertical.
W	Ancho de placa.
ν	Relación de Poisson.
μ	Coeficiente de fricción.
τ	Esfuerzo cortante.
σ	Esfuerzo normal.
σ_f	Esfuerzo de cedencia.
Π	Energía Potencial.
ε	Deformación unitaria.
γ	Distorsión.
θ_0	Ángulo de extensión de grieta. Coordenada polar.

Capítulo 1. Introducción

Las fracturas son un fenómeno que se presenta en diversos componentes y sistemas mecánicos usados en la industria, la cual se puede definir como la culminación del proceso de deformación plástica. En general, se manifiesta como la separación o fragmentación de un cuerpo sólido en dos o más partes bajo la acción de un cierto estado de cargas.

Datos experimentales revelan que las grietas existen prácticamente en todas las piezas manufacturadas, a diferentes escalas. Se propagan en un material sólido a causa de las fallas locales en el frente de la punta de la grieta. Estas fallas son eventos aleatorios originados por fluctuaciones de parámetros de resistencia local del material, la carga o el medio ambiente, defectos en el material, errores en el diseño y deficiencias en la fabricación y mantenimiento [1].

Al estudio del comportamiento de las grietas, prevención y análisis de la fractura de los materiales se le conoce como Mecánica de la Fractura, en la cual se presentan dos alternativas de análisis, las cuales se mencionan a continuación:

Cálculo del campo de esfuerzos alrededor de una grieta (intensidad de esfuerzos). Se basa en el cálculo de esfuerzos y deformaciones alrededor de una grieta [2].

Cambios de energía almacenada, que se tiene durante el proceso de agrietamiento y fractura (criterio de energía).

La cuantificación experimental de la contribución de la fricción al comportamiento del factor de intensidad de esfuerzos es difícil. En algunos casos, tales efectos de la fricción en sistemas mecánicos, han sido estudiados mediante el uso de métodos numéricos como el método del elemento finito [3].

1.1 Estado del Arte

La mecánica de fractura se ha usado desde la época Neolítica cuando el hombre inventó y diseñó las primeras herramientas sencillas de piedra. En esa época, desarrollaron técnicas de cómo moldear y formar cuchillos, lanzas y otras herramientas de piedra [4].

La Revolución Industrial del Siglo XIX trajo consigo un incremento en la demanda de metales, particularmente del hierro y acero, para ser usados en ingeniería y la construcción a grandes escalas. Esta expansión del mundo de la ingeniería fue acompañada por una frecuencia mayor de fallas en estructuras de ingeniería [4], de hecho, la fractura de vías de ferrocarril fue algo común

En el periodo entre 1900 y 1950, con la aparición del automóvil, seguido por los aeroplanos, se incrementó la provisión de factores de seguridad adecuados y la necesidad de entender de manera más clara el fenómeno de ruptura. Durante este periodo se desarrollaron distintas investigaciones sobre fractura, las cuales ayudaron a la introducción de la mecánica de fractura.

Los orígenes analíticos de la mecánica de fractura pueden remontarse a un artículo publicado por A.A. Griffith [5], en el cual demostró por primera vez que la resistencia real a la tensión de materiales frágiles era significativamente menor que la resistencia predicha teóricamente debido a la presencia de grietas. El artículo fue esencialmente la Tesis Doctoral de Griffith, su contribución principal es la ecuación que relaciona el esfuerzo de fractura σ_f con el tamaño de la grieta.

Otro avance en Mecánica de la Fractura se presentó en 1957, por Irwin [6], quien introdujo el concepto del factor de intensidad de esfuerzos K. Relacionó K con la rapidez de liberación de energía y supuso que la energía durante la extensión de la grieta provenía de la pérdida de energía de deformación del sólido elástico completo. Definió esta rapidez de liberación de energía como G en honor a Griffith.

El desarrollo de la Mecánica de Fractura Contemporánea (MFLE y la MFElastoplástica) fue hecho de manera independiente por G. Cherepanov [7] y J. Rice [8] en 1968. Desarrollaron una aproximación energética basada en el concepto de una integral invariante, llamada Integral-J. Dicha integral fue introducida previamente por Eshelby [9] en 1951 para una singularidad de esfuerzos en un sólido elástico, pero no pudo aplicarla a problemas con grietas. La integral de línea independiente de trayectoria cerrada proporciona una herramienta lógica para analizar la fractura para un comportamiento no lineal más general. Actualmente, es una de las funciones principales de la mecánica de fractura elastoplástica.

El estudio de fracturas en elementos mecánicos ha evolucionado en las últimas décadas con el análisis de grietas o fisuras. Estas actúan como concentradores de esfuerzos, el material justamente adelante de la grieta es sometido a esfuerzos de tracción (σ) relativamente grandes. Luego, la fractura se puede producir cuando se sobrepasa el valor del esfuerzo de fluencia en el vértice de la fisura o grieta.

La clasificación de los tipos de fallas que involucran la iniciación y propagación de fisuras o grietas fue hecha por Ortúzar [1] quien estableció los parámetros fractomecánicos del análisis de las grietas estructurales, el factor de intensidad de esfuerzos "K" y la descripción del campo de esfuerzos en la punta de la grieta. Presentó los diferentes modos de agrietamiento de las uniones soldadas y sus diversas causas. Por otro lado el análisis de tolerancia para estructuras soldadas por rayo láser (LBW) fue desarrollado por Labeas y Diamantakos [10], quienes implementaron una metodología de análisis de SIF's. Introdujeron el campo de RS en el cálculo numérico del factor de intensidad de esfuerzos (SIF). Para los modelos termomecánicos, utilizaron un modelo en MEF. El cálculo de los SIF's en el frente de la grieta se realizó para elementos agrietados tipo T cargados en el modo I.

Siguiendo la línea de investigación del análisis térmico en grietas tridimensionales, Balderrama [11], desarrolló una formulación de la integral J, basada en la extensión virtual del frente de grieta, utilizando la formulación Dual del Método de los Elementos de Contorno. Por otro lado, Pirondi [12], realizó las simulaciones por elemento finito para evaluar el método de estimación de la integral J más conveniente para el modo combinado I/II en especímenes compactos a tensión cortante (CTS). Examinó varios cálculos analíticos y los comparó con los resultados de MEF e identificó una solución conveniente. Finalmente, propuso un factor plástico específico η_{pl}, para algunos especímenes y en modo combinado evaluado con curvas J-R de un acero dúctil.

Mediante el software de elemento finito ABAQUS, Matos [13], determinó los valores del factor de intensidad de esfuerzos para diferentes geometrías de placas agrietadas. Evaluó la influencia del tipo de malla en la precisión del método del elemento finito para el cálculo de los SIF's. En el trabajo hecho por Ngo Huong Nhu & Nguyen Truong Giang [14], se describen algunos resultados del análisis de placas agrietadas vía FEM basando el procedimiento en CASTEM 2000. Consideran la influencia de las configuraciones de las placas, la longitud de la grieta, el tipo de carga externa sobre el valor característico del SIF.

Una revisión de las técnicas del método de elemento finito para calcular el factor de intensidad de esfuerzos en problemas de fractura lineal elástica fue presentada por Moreira [15]. Su trabajo consistió en la determinación de SIF's para juntas, donde el efecto de flexión y modos de fractura mixtos son analizados utilizando elementos 3D y el software ABAQUS. El estudio mostró que el modo I es el predominante mientras que los modos II y III tienen magnitudes pequeñas y pueden ser despreciadas.

Fett [16] presentó consideraciones de falla bajo cargas de modos combinados y la influencia de la fricción entre superficies de grieta parcialmente cerradas en el caso de un factor de intensidad de esfuerzos negativo en el modo I, las cuales permiten determinar la contribución de la fricción al factor de intensidad de esfuerzos (SIF) en el modo II para el caso de un SIF negativo en el modo I.

Guo y Nairn [17], propusieron un nuevo método para el análisis numérico de problemas de dinámica de mecánica de sólidos, el método del punto material (MPM), el cual se basa en partículas, es un método de mallado que discretiza un cuerpo en una colección de puntos materiales o partículas (parecido a la discretización en elemento finito). Generalizaron el MPM para incluir análisis de esfuerzos dinámicos de estructuras con grietas específicas. Consideraron la evaluación de los parámetros de comienzo de grieta, tal como la integral J y el factor de intensidad de esfuerzos, a partir de cálculos con MPM involucrando grietas explicitas.

Un modelo el cual puede ser utilizado para incorporar los efectos de la fricción a lo largo de la superficie de la grieta mediante una ley constitutiva aplicada a la interfaz entre las superficies opuestas de la grieta fue presentado por Ballarini [18] donde se resuelve el problema de una grieta con una superficie de diente de sierra en un medio infinito sujeto a campos de esfuerzo cortante y calcula la relación del modo I al modo II de intensidad de esfuerzo para varios coeficientes de fricción y propiedades materiales.

La mecánica de fractura no solo es aplicable a materiales ferrosos, tal y como lo muestra Chocron [19] quien realiza una investigación para hallar la variación de la velocidad de propagación de grieta en silicio monocristalino en función de la energía disponible en la punta de la grieta, mediante modelos de laboratorio los cuales le sirven para contrastarlos con los modelos obtenidos numéricamente.

En problemas de *fretting-fatiga* de contacto completo con deslizamiento global, el estado de tensiones en la zona del final del contacto, suponiendo comportamiento elástico de los materiales, puede ser singular. Para caracterizar este estado de tensiones se deben obtener dos parámetros: el orden de la singularidad y el factor de intensidad de de tensiones generalizado (FITG). En el trabajo presentado por Fuenmayor [20], se define una integral de contorno independiente del camino que permite obtener el FITG. Mediante este método, para la misma discretización, se calcula con mejor precisión el FITG. Además, se evita tener que realizar una discretización muy fina de la zona singular, ya que la integral de contorno puede ser aplicada a lo largo de caminos alejados de la zona dominada por la singularidad gracias a la propiedad de independencia del camino.

La investigación realizada por Ko [21], se enfoca a un estudio numérico y experimental de dos superficies de acero en contacto. Evalúa los SIF's para cargas cíclicas y relaciona la extensión de la grieta con la ecuación de Paris. Mediante la aplicación del Método del Elemento Finito, desarrolla un modelo que simula el crecimiento de la grieta y el desgaste a partir de una grieta superficial.

Kimura [22], presenta en su trabajo un procedimiento para calcular los SIF´s K_I y K_{II}, de una grieta oblicua bajo condiciones de *fretting-fatiga*, de igual manera presenta una técnica para determinar las distribuciones del esfuerzo de contacto que consiste en un programa computacional el cual puede calcular K_I y K_{II} para una geometría y condiciones de carga arbitrarias. Su programa es aplicable al estudio del mecanismo de propagación *fretting-fatiga*

Con la finalidad de evaluar la integridad estructural de las plantas de energía, se requiere conocer la capacidad de carga de un sistema de tuberías. Saxena [23], se enfoca en calcular los valores de la integral J mediante un análisis no lineal de elemento finito en 3D utilizando el código avanzado para análisis de fractura WARP3D. Su investigación incluye la validación y comparación de la estimación de J mediante el MEF contra los resultados experimentales en la etapa de iniciación de la grieta.

Hasta este punto las investigaciones particularmente se enfocan a un crecimiento de grieta cuasiestático. Biglari [24], realiza la simulación del crecimiento de grieta para geometrías complejas. Determina la dirección de propagación de la grieta bajo condiciones de carga en modo mixto sin remallar su modelo. En su trabajo utiliza el criterio de la máxima rapidez de liberación de energía y la del esfuerzo principal máximo. A la vez, compara los resultados obtenidos de la simulación con los experimentales obteniendo resultados con una buena aproximación y concluye que su trabajo puede ser utilizado para la simulación de materiales dúctiles.

En el trabajo propuesto por Zhu [25] se estudia una serie de funciones complejas de esfuerzo para especímenes agrietados sujetos a compresión, utilizando el método de colocación de frontera. Determina las incógnitas de estas funciones basados en los resultados del método propuesto y obtiene las ecuaciones para la determinación de los SIF's para el espécimen analizado.

La determinación de parámetros fractomecánicos utilizando métodos numéricos es un tema de interés para los investigadores en el área de la mecánica de sólidos. Actualmente existen un variado número de técnicas disponibles para calcular los mismos. Uno de estos métodos es presentado por Barrios [26], quien en su trabajo presenta el Método de los Elementos Discretos (MED) como una alternativa para el estudio de problemas relacionados con la mecánica de la fractura. Presenta el cálculo del factor de intensidad de esfuerzos para los casos estático y dinámico, de igual manera ilustra la capacidad del MED para simular la propagación inestable de la fisura cuando se alcanzan las condiciones críticas.

El método del elemento finito extendido (XFEM) es una herramienta que permite analizar las grietas sin necesidad de remallar. Sukumar [27] presenta una técnica de acoplamiento con XFEM llamado Método de Marcha Rápida. Para el modelado de la grieta, se utiliza el XFEM, el marco de la partición de la unidad se utiliza para enriquecer la aproximación de los elementos finitos por una función discontinua. El modelado de la grieta es llevado a cabo sin necesidad de mallar la grieta, además simula el crecimiento de la grieta sin remallar

En las últimas décadas, los métodos basados en la integral de dominio para el cálculo del factor de intensidad de tensiones (FIT) a partir de la solución numérica proporcionada por el MEF se han impuesto claramente frente a otras técnicas, como los métodos directos basados en extrapolación de tensiones o desplazamientos. En el trabajo expuesto por Giner [28] estudia la extracción de los SIF's en problemas 2D en modo I de la Mecánica de la Fractura Elastico-Lineal (MFEL) mediante tres integrales de dominio ampliamente utilizadas en la actualidad: integral de dominio equivalente a la integral J, integral de dominio equivalente a la integral de interacción I e integral de dominio basada en el principio de reciprocidad de Betti. Deduce las relaciones entre las tres integrales, demostrando que las dos últimas son, en realidad, equivalentes. Mediante ejemplos numéricos, muestra que la relación entre los errores cometidos al utilizar la integral de dominio J y la integral I es aproximadamente una constante para un problema dado. Esto permite calcular un valor de los SIF's mucho más preciso a partir de la combinación de los resultados de J e I obtenidos en dos mallas diferentes.

La comprensión del crecimiento de grietas a causa del fenómeno de fatiga requiere un estudio de las fuerzas que lo controlan, tal como la apertura de la punta de grieta y los deslizamientos. Canadinc [29] realizó simulaciones mediante el MEF, permitiendo la deformación elasto-plástica además utilizó la ley de crecimiento de grieta en modo mixto para demostrar que la velocidad de crecimiento de grieta por fatiga muestra un mínimo después de una cantidad finita de avance de grieta. Durante las simulaciones, se permite avanzar a la grieta, ocasionando que las deformaciones y esfuerzos residuales sean retenidos ciclo a ciclo. Descubrió que la apertura de punta de grieta disminuye mientras que el deslizamiento de la misma aumenta con la longitud de la grieta.

La caracterización de la fractura dúctil es un problema mayor, especialmente en la industria nuclear donde el comportamiento de los materiales es diferente. El uso de la curva J-Δa para cubrir el riesgo de la fractura dúctil es popular entre los diseñadores. Pero es bien sabido que la curva J-Δa puede ser dependiente de la geometría. Serios intentos se han realizado para identificar una única función del material (independiente de la geometría) para caracterizar la fractura dúctil.

Un avance para resolver lo anteriormente expuesto fue realizado por Dhar [30]; presenta un método para la determinación de la energía critica de fractura, G_{fr}, a partir de la extensión de la punta de grieta mediante una simulación por el MEF y utiliza la teoría de la extensión final de Michael Wnuk [31] con la finalidad de extraer G_{fr} a partir de la deformación local de la punta de la grieta. Finalmente encuentra que G_{fr} es un parámetro que conecta con la deformación de la punta de la grieta y puede simular el proceso de crecimiento de grieta en fractura dúctil en una condición estacionaria.

El uso de las técnicas de la mecánica de la fractura, en la evaluación del desempeño de las estructuras está incrementando y en la predicción de la propagación de la grieta en la estructura desempeña un papel importante. Souiyah [32] desarrolló un código fuente de un modelo bidimensional para MEF para la predicción de la trayectoria de propagación de la grieta y los valores de los SIF's bajo un análisis de la fractura lineal elástica.

En el trabajo presentado por Giner [33] se lleva a cabo una serie de ensayos experimentales de fretting-fatiga en condiciones de contacto completo. Al mismo tiempo, se ha modelado el problema utilizando el X-FEM con el objetivo de correlacionar las vidas experimentales con las predichas mediante un modelo de iniciación-propagación que considera los resultados obtenidos mediante X-FEM. Se ha estudiado la influencia de los distintos criterios de fatiga multiaxial en la predicción de la vida total. Los resultados obtenidos mediante la combinación de los criterios de McDiarmid [34] para la vida de iniciación y el método X-FEM para la vida de propagación presentan buenas correlaciones con los resultados experimentales.

El uso de los métodos numéricos actualmente ha sido parte fundamental en los avances de la mecánica de la fractura, ya que permite la simulación de materiales isotrópicos y anisotrópicos. Fortino [35] presenta una aproximación del análisis en el modo I del crecimiento de grieta en madera laminada utilizando elementos cohesivos del programa comercial de MEF ABAQUS® en la zona de fractura. Los parámetros óptimos de una ley de daño son determinados mediante un estudio paramétrico que involucran un cierto número de análisis no lineal con cargas proporcionales.

Zakrajsek [36] presenta los resultados para detectar grietas por fatiga en los dientes de un engrane utilizando métodos basados en vibración. Realizó pruebas experimentales para hacer fallar unos engranes por medio de fatiga. La grieta fue iniciada en cada prueba mediante una muesca en el filete del diente del engrane. El propósito primordial de estas pruebas es verificar las predicciones analíticas de la propagación de grietas por fatiga y la velocidad como una función del espesor del anillo del engrane.

Entre 1925 y 1950, los trabajos en la normalización geométrica y cálculo de la capacidad de carga permitieron establecer bases importantes para el diseño racional de los engranajes [37]. En la década de los 90, la introducción de medios de cómputos más efectivos con elevadas velocidades de cálculo, permiten una consolidación del empleo de las nuevas técnicas de análisis numérico como el método de los elementos finitos y las técnicas de búsqueda exhaustiva. El auge alcanzado por las técnicas de computación y las nuevas computadoras con procesadores matemáticos cada vez más veloces, posibilitan incluir técnicas CAD como nuevas y efectivas herramientas de diseño [38].

En 1996 Blarasin [39] trató el problema de la fatiga en la superficie tratada de especímenes similares a los dientes de engranes; en su trabajo predice la dirección de la propagación de la grieta así como los efectos de los diferentes modelos agrietados. Siguió dos aproximaciones: la primera fue el método del elemento finito y el método de la función de peso. Construyó modelos en dos y tres dimensiones donde evaluó el factor de intensidad de esfuerzos considerando el efecto de la carga y de los esfuerzos residuales.

Lewicki [40] realizó estudios analíticos y experimentales para investigar el efecto del espesor del aro en el crecimiento de grieta en el diente de un engrane. Su meta fue determinar si las grietas crecieron a través del diente o a través del borde. Simuló la propagación de la grieta en un programa basado en elementos finitos llamado FRANC (FRacture ANalysis Code). Utilizó los principios de la mecánica de la fractura lineal elástica y los elementos triangulares con singularidad a un cuarto en la punta de la grieta. Estimó los factores de intensidad de esfuerzos para determinar la dirección de la propagación de la grieta y concluyó que la propagación de la grieta se da en el diente y en el aro cuando la relación entre el espesor del aro dividido entre la altura del diente es mayor a 0.5.

Dos años más tarde, Wawrzynek [41] hizo una simulación del crecimiento de grieta en tres dimensiones sobre un diente de engrane utilizando el modelado por elemento de frontera y la mecánica de la fractura lineal elástica. Calculó el factor de intensidad de esfuerzos para determinar la dirección de la propagación de la grieta en modos combinados así como predecir la forma de la misma.

Posteriormente, se desarrolla un modelo computacional para determinación de la vida de servicio por Jelaska [42], quien utiliza la relación de Coffin-Manson para determinar el número de esfuerzos cíclicos, N_i requeridos para iniciar el agrietamiento por fatiga, donde asumió que el inicio de la grieta se localizaba en el punto de los esfuerzos más grandes en un engrane de dientes rectos. Jelaska obtiene la relación entre el factor de intensidad de esfuerzos y la longitud de la grieta K=f(a) numéricamente a partir del método del elemento finito para poder determinar el número de ciclos de cargas N_p para comenzar la propagación de la grieta de la longitud inicial a la longitud crítica.

Para determinar la vida de servicio en lo referido a fatiga, Glodež [43] presenta un modelo computacional. El proceso de fatiga que culmina con la ruptura del diente está dividido en el periodo de iniciación de la grieta y en el de propagación de la misma. Utiliza la relación de Coffin-Manson para determianr el número de ciclos requerido para que se inicie la grieta. Obtiene numéricamente, mediante el MEF, la relación entre los SIF's y la longitud de la grieta, lo cual es necesario para determinar el número de ciclos en la que la grieta crecerá de su valor inicial a la longitud crítica.

En 2001 Lewicki [44] estableció las pautas de diseño para prevenir fallas por fracturas en bordes en dientes de engranes sujetos a fatiga. Realizó su análisis utilizando el método del elemento finito y los principios de la mecánica de la fractura. Predijo la dirección de la propagación de la grieta para diferentes configuraciones de dientes de engranes y bordes.

Posteriormente se explora el efecto de la velocidad rotacional sobre la dirección de la propagación de la grieta [45] utilizando el método del elemento finito y validándolo con experimentos de propagación de grieta en un engrane sometido a fatiga. A la conclusión que llegó en su investigación es que en un punto, las velocidades altas (10000 rpm) tienden a promover la fractura en el rin, mientras que las velocidades bajas (menores a 10000 rpm) producen las fracturas en los dientes.

Los análisis se han enfocado en los engranes de dientes rectos. En su trabajo Asi [46] presenta un análisis de falla de un engrane helicoidal utilizado en la caja de un autobús, el cual está hecho de acero AISI 8620. El engrane helicoidal ha estado en servicio alrededor de tres años y presenta fallas en varios de sus dientes. Realizó una evaluación de la falla del engranes helicoidal la cual incluye examen visual, documentación fotográfica, análisis químico, medición de micro dureza y un examen metalográfico. Las zonas de falla se examinaron con la ayuda de un microscopio electrónico de barrido equipado con instalaciones de EDX. Los resultados del análisis indican que los dientes del engranes helicoidal fallaron por fatiga a causa de picaduras.

En el trabajo presentado por Šraml [47] se describe un modelo computacional general de la iniciación del daño por fatiga en el área de contacto en los engranes. El modelo considera el enfoque de la mecánica del continuo, donde se asume que el material es elástico y homogéneo. Se simula el campo de esfuerzos en el área de contacto y se analiza la relación entre las condiciones de carga del contacto cíclico y los puntos observados en flaco del diente del engrane mediante MEF. Utiliza un modelo equivalente de contacto Hertziano entre dos cilindros para evaluar las condiciones de contacto de los engranes mallados.

Las investigaciones realizadas con elemento finito no solo se aplicaron a engranajes de material ferroso, sino que también se hicieron a materiales plásticos tal y como lo presenta Moya [48], que en su trabajo hace un análisis de la influencia de la corrección y de la asimetría del diente en la resistencia de los engranajes plásticos a través del método de los elementos finitos, estableciendo nuevas expresiones para el diseño de los mismos.

En 2008 Wu et al. [49] estudió los efectos de la grieta en el diente sobre la respuesta a la vibración de una caja de engranes de dientes rectos, utilizando un modelo de parámetros agrupados, se investigaron varios indicadores estadísticos para reflejar los cambios en la respuesta a la vibración causada por la grieta en el diente.

En el año siguiente, Fajdiga [50] presenta un modelo computacional para el análisis del daño por fatiga en los flacos de los dientes de engrane. Su modelo considera las condiciones que se requieren para la iniciación de la grieta por fatiga superficial y realizan la simulación de la propagación de la grieta por fatiga lo que produce la aparición de pequeñas picaduras en la superficie de contacto. En su trabajo muestra las relación entre el factor de intensidad de esfuerzos K y la longitud de la grieta, la cual es necesaria para la determinación de los ciclos de carga N_p para la propagación de la grieta desde la inicial a la longitud critica.

Los engranes es uno de los componentes mecánicos más críticos en maquinaria y las condiciones de monitoreo de los engranes es un aspecto importante de la ingeniería de mantenimiento en muchas empresas. Zhigang [51], se basa en un modelo dinámico de una caja de engranes de una etapa y un diente agrietado, investiga los indicadores estadísticos y la técnica de la Transformada Discreta Wavelet (DWT) para reflejar el nivel de propagación de la grieta. Los resultados sugieren que indicador de la Raíz Media Cuadrática (RMS) es mejor indicador que el indicador Kurtosis para reflejar la propagación de la grieta en la etapa inicial.

La rigidez del mallado de los modelos discretos, de acuerdo a la norma ISO/DIS 6336 está definida como la relación del incremento de la fuerza normal al incremento de la deformación existente en el apoyo de pares de dientes con el ancho unitario. Czech [52] presenta los resultados concernientes a la influencia de las grietas en la base del diente sobre el cambio de rigidez. Para llevarlo a cabo, realiza una serie experimentos con el uso de modelos de MEF y BEM. Los modelos fueron verificados con el uso de métodos analíticos, donde los resultados finales fueron confirmados.

Dos tipos de daños pueden ocurrir en los dientes de los engranes bajo carga repetida a causa de la fatiga, la corrosión por picadura en el flanco del diente del engrane y la ruptura de la raíz del diente. Podrug [53] presenta un modelo computacional para la determinación del crecimiento de la grieta en la raíz del diente. Toma en cuenta dos condiciones de carga: *i)* una fuerza normal pulsante actuando en el punto más alto de un simple diente y *ii)* una carga que se mueve a lo largor del flanco del diente. En el análisis numérico se asume una grieta iniciada en la raíz del diente. Obtiene la relación entre los SIF's y la longitud de grieta, el cual utiliza para determinar el número de cargas requeridas en ciclos N para la propagación de la grieta desde la longitud inicial hasta la longitud crítica.

Después, en el trabajo presentado por Lewicki [54] se describe la fatiga inducida mediante grietas sembradas en los dientes del engrane. Mediante el método del elemento finito se compara la complianza efectiva y el cambio en la frecuencia natural fundamental entre un diente de engrane agrietado y uno con muesca, donde la grieta y la muesca son de la misma magnitud y de profundidad uniforme. Su análisis llega a la conclusión de que un diente agrietado y uno con muesca exhiben características de vibración muy similares para una relación grieta/muesca dada.

Posteriormente, Jurenka [55] presenta una simulación numérica del "pitting" sobre un diente de engrane. En su trabajo, la suposición básica es el "pitting", que es el resultado de la propagación de grietas por fatiga bajo la condición de cargas contacto rodante. La solución consiste en simulaciones numéricas del crecimiento de grietas por fatiga en FEM. Las simulaciones se basan en la evaluación de la ley de Paris y los criterios de evaluación de fractura. Las simulaciones se llevaron a cabo mediante el programa comercial *ABAQUS CAE FEM.*

Un trabajo enfocado al análisis de la fractura en engranes rectos con un rin delgado es propuesto por Ševčík [56]. En su trabajo estudia numéricamente la propagación de grietas por fatiga utilizando una rutina especial implementada en el modelo numérico. Dos criterios de fractura se consideran: el criterio del esfuerzo tangencial máximo (MTS) y el criterio MTS modificado. En el análisis concluye que para la misma trayectoria de grieta obtenida numéricamente el criterio MTS requiere incrementos más pequeños en comparación con el criterio MTS modificado.

El Método de los Elementos Finitos Extendido (X-FEM) ha sido empleado para resolver problemas de Mecánica de la Fractura en materiales con diversas leyes de comportamiento (por ejemplo, materiales isótropos, ortótropos, piezoeléctricos o magnetoelectroelásticos). Para cada tipo de material, es necesario obtener las llamadas "funciones de enriquecimiento" que modelan el comportamiento de los campos de desplazamientos y tensiones en el entorno del vértice de la grieta. En el trabajo propuesto por Hattori [57], dichas funciones han sido obtenidas para el caso de materiales totalmente anisótropos en forma matricial en función del formalismo de Stroh. La formulación propuesta es validada comparando los resultados obtenidos con algunos disponibles en la literatura.

La trayectoria de propagación de la grieta puede ser predicha, esto se puede afirmar en base al trabajo realizado por Kumar [58] quien la predice para una variedad de geometría de dientes y varias posiciones de iniciación de grieta. Considera los efectos del espesor, radio de paso y el ángulo de presión. El análisis lo lleva a cabo mediante el MEF con los principios de la MFLE y los criterios para modos mixtos.

El comportamiento dinámico de la transmisión de engranes es sensible a las condiciones de operación como carga aplicada excesiva, lubricación insuficiente, errores de fabricación o problemas de instalación. En la investigación realizada por Mohammed [59] se propone un escenario analítico para la propagación de la grieta, el cual asume que una grieta se propaga en la raíz del diente hacia dos direcciones: hacia el frente de la grieta y hacia el ancho del diente. Utiliza una aproximación analítica para cuantificar la pérdida de rigidez con la propagación de la grieta en la raíz del diente. En conclusión, el escenario de propagación de grieta propuesto es razonable y realista para los casos de carga distribuida no uniforme y puede ser aplicado para el modelado de propagación de grieta.

Muchas de las fallas de los componentes mecánicos ocurren en servicio, esto a causa de la existencia de grietas que aparecen en los elementos de máquinas y estructuras, ya sea por la fabricación, construcción o generados durante el servicio, y por lo tanto surge la necesidad de analizar su efecto en el comportamiento mecánico de tales elementos.

Para el cálculo de SIF's en engranes, los métodos presentados principalmente estiman configuraciones en las cuales los dientes sólo son esforzados mediante la acción de una carga puntual o una carga distribuida uniforme o no uniforme. Los autores como Jelaska, Lewicki y Produg estudian los efectos de la fatiga sobre los dientes de los engranes y analizan las relaciones de ésta con el SIF mediante modelos computacionales.

Autores como Lewicki, estudian los efectos de la geometría del engrane tal como el ancho del rin, sobre el comportamiento del SIF. Mediante modelos de MEF presenta simulaciones en las que estima los efectos de la vibración, fatiga y geometría en el comportamiento de un diente fracturado.

En [27] [34] y [57] utilizan como método de análisis el X-FEM, en el cual establecen las funciones de enriquecimiento del X-FEM para diferentes materiales y se estudian los efectos del fretting-fatiga en problemas de cierre completo.

A partir de la revisión bibliográfica, se aprecia que los trabajos presentados se enfocan a la falla por fatiga del engrane sin tomar en cuenta los efectos que la fricción tiene sobre el comportamiento del SIF. Por esta razón, en este trabajo se presenta la estimación del efecto de la fricción sobre el SIF en los engranes.

Los análisis numéricos han demostrado su eficiencia en la promoción de la comprensión general de problemas complejos de ingeniería relacionados con la integridad estructural. El uso de los métodos numéricos actualmente ha sido parte fundamental en los avances de la mecánica de la fractura. En las investigaciones revisadas, los métodos numéricos por computadora, son la base fundamental para el desarrollo de nuevas teorías que permiten el cálculo de los SIF's para geometrías y configuraciones más complejas.

1.2 Planteamiento del problema.

Estudios extensivos de engranes carburizados y endurecidos para camiones de gran tonelaje, máquinas para herramienta, máquinas para minería, motores de diesel, etc., mostraron que el 38% de las fallas se originaron por problemas de la superficie (formación de pequeños agujeros, descascaramiento, trituración y rayado), 24 % de fatiga por flexión, 15 % por impacto y 23 % por otras causas. De un análisis detallado de las fallas hecho por compañías de acero, fabricantes de automóviles y fabricantes de equipo eléctrico, casi el 50% de las fallas puede atribuirse a defectos en el diseño, siendo el resto distribuido entre problemas de producción y de servicio [60]. Con base a lo anterior, se puede plantear que las investigaciones para el cálculo de SIF's en engranes se enfocan principalmente a la falla del diente por fatiga, en función de eso, este trabajo se enfoca en la estimar cuál es el efecto de la fricción sobre los SIF's a causa del propio funcionamiento de los engranes, caso que no se toma en cuenta en el estudios presentados en la revisión bibliográfica y que la mayoría de los autores sólo consideran la fricción como una propiedad del material.

1.3 Justificación de la Investigación:

Para el cálculo de propagación de grietas en elementos mecánicos, los estudios que se han realizado generalmente consideran sistemas conservativos o elementos individuales por separado como se puede apreciar en las referencias [13], [15] o [16], en las que para el cálculo del SIF consideran placas finitas sujetas a diferentes modos de carga. Sin embargo, en los sistemas mecánicos, el esfuerzo y deformación en los elementos son a causa del funcionamiento propio del sistema, que incluye la interacción entre diversos elementos y por lo general, fricción. La estimación de propagación de grietas en elementos de sistemas mecánicos es un aspecto muy importante a considerar para prevenir que estas puedan fracturarse, destruir la máquina y causar daños considerables. La fractura de los materiales es una de las causas más importantes de pérdidas económicas en las sociedades industrializadas. En los Estados Unidos, según un estudio del Departamento de Comercio que data de 2009, indica que las fallas le cuestan a la sociedad aproximadamente del 3% al 5% del producto interno bruto. El estudio encontró que aproximadamente una tercera parte de éste costo anual podía ser eliminado haciendo un mejor uso de la tecnología actual. Otra tercera parte podría ser eliminada en un periodo a largo plazo mediante la investigación y desarrollo. Es decir, obteniendo nuevos conocimientos y formas de desarrollarlo para aplicarlo. Y la tercera parte restante sería difícil de eliminar sin mayor investigación e innovaciones.

Por lo tanto este estudio se justifica por el hecho de considerar la fricción en los engranes, para poder analizar no sólo el intercambio de energía a causa del crecimiento de una grieta, sino el aporte de la fricción al valor del factor de intensidad de esfuerzos (SIF's).

En función de la información previamente presentada y con base al análisis bibliográfico donde las investigaciones presentadas se enfocan generalmente a estudios de propagación de grietas por fenómenos donde los efectos de la fricción no se consideran, a continuación se presenta el siguiente objetivo del trabajo:

1.5 Objetivo General:

Proponer una aproximación para estimar el valor de los factores de intensidad de esfuerzos en elementos que forman parte de un sistema mecánico con fricción.

1.6 Alcances:

- Seleccionar una metodología para la estimación de factores de intensidad de esfuerzos en sistemas mecánicos que incluyan fricción.

- Aplicar la metodología a un sistema propuesto.

- Desarrollar un modelo discreto por medio de elemento finito para el sistema propuesto utilizando un paquete computacional.

- Proponer una alternativa de análisis de factores de intensidad de esfuerzos para sistemas mecánicos que incluyan fricción.

Capítulo 2. Mecánica de la Fractura

La mecánica de la fractura es una herramienta analítica, con la cual se puede introducir el efecto de una grieta para el cálculo de la resistencia de un componente; la magnitud de deformaciones máximas; bajo ciertas condiciones la vida remanente de un componente, entre otras. La mecánica de la fractura provee una metodología para evaluar la integridad estructural de componentes que contienen defectos y demostrar si estas son capaces de continuar en operación segura. Es importante tener una definición clara y precisa de algunos conceptos de mecánica para que el proceso de comprensión de la mecánica de la fractura sea más sencillo

2.1 Mecánica de Sólidos

La mecánica de sólidos se refiere al estudio de las fuerzas que actúan en un cuerpo y las reacciones que se producen como resultado de esta acción. Si se considera el elemento infinitesimal de la figura 2.1.1 y si los esfuerzos no varían, el equilibrio de momentos con respecto al centroide el cubo se tiene que los componentes de esfuerzo pueden agruparse en una representación matricial del tensor de esfuerzo:

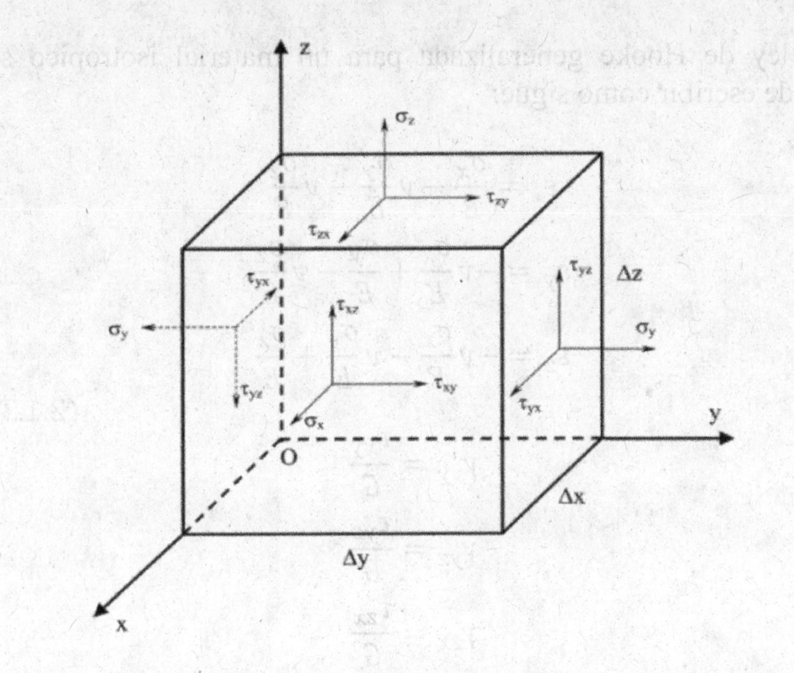

Figura 2.1. 1. Estado general de esfuerzo que puede actuar en un elemento.

A partir de la figura 2.1.1, se obtiene el tensor de esfuerzos, el cual queda representado como sigue:

$$\sigma = \begin{bmatrix} \sigma_{xx} & \sigma_{xy} & \sigma_{xz} \\ \sigma_{yx} & \sigma_{yy} & \sigma_{yz} \\ \sigma_{zx} & \sigma_{zy} & \sigma_{zz} \end{bmatrix} \qquad (2.1.2)$$

La ley de Hooke generalizada para un material isotrópico se puede escribir como sigue:

$$\varepsilon_x = \frac{\sigma_x}{E} - \nu\frac{\sigma_y}{E} - \nu\frac{\sigma_z}{E}$$

$$\varepsilon_y = -\nu\frac{\sigma_x}{E} + \frac{\sigma_y}{E} - \nu\frac{\sigma_z}{E}$$

$$\varepsilon_z = -\nu\frac{\sigma_x}{E} - \nu\frac{\sigma_y}{E} + \frac{\sigma_z}{E}$$

$$\gamma_{xy} = \frac{\tau_{xy}}{G}$$

$$\gamma_{yz} = \frac{\tau_{yz}}{G}$$

$$\gamma_{zx} = \frac{\tau_{zx}}{G} \qquad (2.1.3)$$

Donde G se define como:

$$G = \frac{E}{2(1+\nu)} \qquad (2.1.4)$$

2.2 Definiciones y Conceptos Básicos de Fractura

El proceso de fractura de los materiales, se formuló inicialmente por Griffith en términos de pequeños defectos intrínsecos al material que actúan como concentradores de esfuerzo. Tales microdefectos se convierten en un factor que gobierna la resistencia de los materiales puesto que son lugares de iniciación de grietas.

Desde el punto de vista del comportamiento de los materiales, se reconocen dos tipos de fractura: frágil y dúctil, dependiendo de la cantidad de deformación plástica previa.

Para caracterizar el comportamiento de un material, la mecánica de la fractura se divide en 2 áreas:

- ***Mecánica de la fractura lineal elástica (LEFM).*** Considera los principios de la teoría de la elasticidad.
- ***Mecánica de la fractura plástica (PFM).*** La cual sirve para caracterizar el comportamiento plástico de metales dúctiles.

Griffith derivó una expresión para determinar el esfuerzo de fractura en materiales frágiles; para una placa con una grieta central, que es deformada elásticamente como se muestra en la figura 2.2.1:

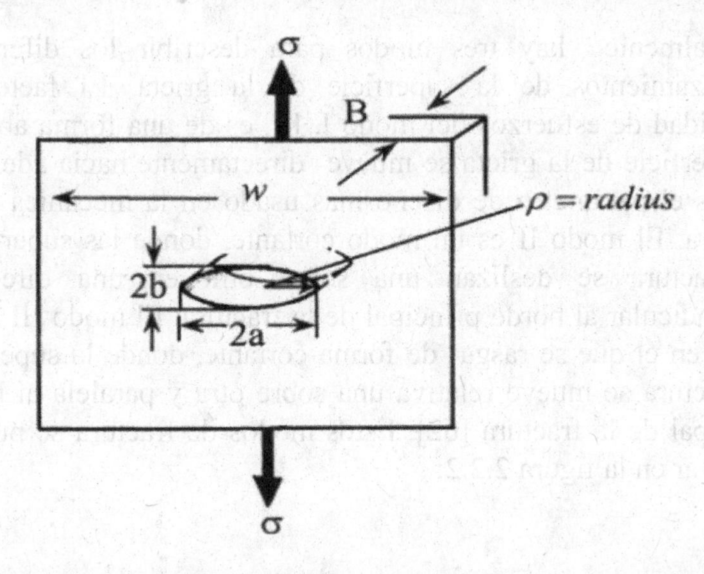

Figura 2.2.1. Grieta elíptica a través de una placa con un radio de punta de grieta ρ [62].

Para la configuración de la grieta mostrada en la figura 2.2.1, Griffith [5] demostró que la energía almacenada es:

$$U = U_0 - U_a + U_\gamma \quad (2.2.1)$$

Lo que resultó en una expresión muy significativa en la mecánica de la fractura [5], cabe mencionar que el desarrollo de la ecuación 2.2.1 a la ecuación 2.2.2 está contenido en el apéndice A:

$$K_I = \sigma\sqrt{\pi a} \qquad (2.2.2)$$

El valor crítico de K_I es una propiedad conocida como fuerza de la fractura, el cual, es la fuerza resistente a la extensión de la grieta. Experimentalmente, el valor crítico de K_I, conocido como resistencia de la fractura (K_{I_C}), puede ser determinado como un esfuerzo de fractura cuando la longitud de la grieta se acerca a un valor crítico o máximo al crecimiento de la grieta. Por lo tanto $K_I \rightarrow K_{I_C}$ como $\sigma \rightarrow \sigma_f$ cuando $a \rightarrow a_c$.

Generalmente hay tres modos para describir los diferentes desplazamientos de la superficie de la grieta. El factor de intensidad de esfuerzos del modo I, K_I, es de una forma abierta, la superficie de la grieta se mueve directamente hacia adelante, este es el parámetro de diseño más usado en la mecánica de la fractura. El modo II es un modo cortante, donde las superficies de fractura se deslizan una sobre otra en una dirección perpendicular al borde principal de la fractura. El modo III es un modo en el que se rasga de forma cortante, donde la superficie de fractura se mueve relativa una sobre otra y paralela al borde principal de la fractura [62]. Estos modos de fractura se pueden observar en la figura 2.2.2:

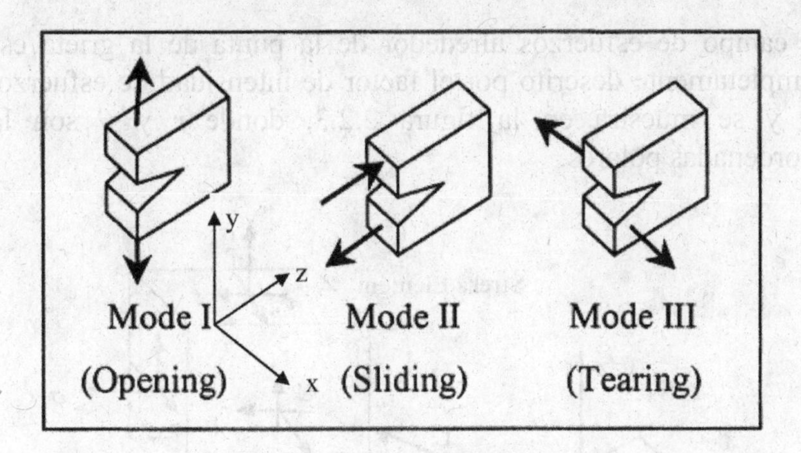

Figura 2.2. 2. Modos de carga para una superficie agrietada [62].

Si el crecimiento de la grieta ocurre hacia adelante del plano de la grieta perpendicular a la dirección del modo de carga externo aplicado, entonces el factor de intensidad de esfuerzos se define [61] como:

$$K_I = \sigma_y\sqrt{2\pi r} \quad @ \quad \sigma_y = \sigma_y(r, \theta = 0) \qquad (2.2.3)$$

$$K_{II} = \tau_{xy}\sqrt{2\pi r} \quad @ \quad \tau_{xy} = \tau_{xy}(r, \theta = 0) \qquad (2.2.4)$$

$$K_{III} = \tau_{yz}\sqrt{2\pi r} \quad @ \quad \tau_{yz} = \tau_{yz}(r, \theta = 0) \qquad (2.2.5)$$

El factor de intensidad de esfuerzos para una configuración de grieta dada puede ser definido como una función general:

$$K_i = f(esfuerzos, geometria\ de\ la\ grieta, config.\ del\ especimen)$$

Donde *i= I, II, III* para los tres diferentes modos respectivamente [61].

El campo de esfuerzos alrededor de la punta de la grieta está completamente descrito por el factor de intensidad de esfuerzos, K, y se muestra en la figura 2.2.3, donde r y θ son las coordenadas polares.

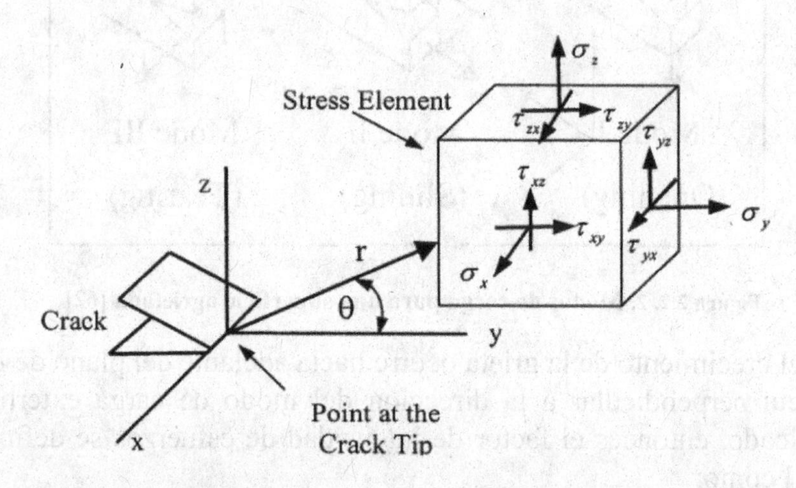

Figura 2.2. 3. Componentes de esfuerzos en la punta de una grieta [61].

El esfuerzo esta dado por las siguientes ecuaciones:

$$\sigma_x = \frac{K}{\sqrt{2\pi r}}\cos\frac{\theta}{2}\left[1 - \sin\frac{\theta}{2}\sin\frac{3\theta}{2}\right] \qquad (2.2.6)$$

$$\sigma_y = \frac{K}{\sqrt{2\pi r}}\cos\frac{\theta}{2}\left[1 + \sin\frac{\theta}{2}\sin\frac{3\theta}{2}\right] \qquad (2.2.7)$$

$$\tau_{xy} = \frac{K}{\sqrt{2\pi r}}\cos\frac{\theta}{2}\sin\frac{\theta}{2}\cos\frac{3\theta}{2} \qquad (2.2.8)$$

2.3 Propagación de Grietas en Modo Mixto

En la práctica, las estructuras agrietadas están sujetas a cargas en modos mixtos, en general K_I y $K_{II,}$ sin embargo, usualmente sólo de mide la resistencia a la fractura en el modo I K_{Ic}. Por lo tanto, sólo se usa el criterio de fractura en el modo I (K_I vs. K_{Ic}). En el apéndice B se proporciona una tabla de los valores más comunes de K_{Ic} para diferentes aleaciones.

Mientras que bajo puro modo I en un material isotrópico, la propagación de la grieta es lineal, en todos los demás casos la propagación será curvilínea y con un ángulo θ_0, con respecto al eje de la grieta. Por tanto, para el caso general de modo combinado, se busca un criterio para determinar lo siguiente [62]:

1. El ángulo de propagación incipiente, θ_0, con respecto al eje de la grieta.

2. Si los Factores de Intensidad de Esfuerzos son una combinación crítica y vuelven a la grieta localmente inestable y forzarla a propagarse.

Una vez más, para problemas en modo I, el inicio de la fractura ocurre si:

$$K_I \geq K_{I_c} \qquad (2.3.1)$$

La determinación del criterio de inicio de fractura para una grieta existente en modo I y II, requiere una relación entre K_I, K_{II} y K_{Ic} de la forma, cabe hacer mención que sólo se considera K_{Ic}, ya que el modo I es mayor en su magnitud que los otros modos de carga:

$$F\left(K_I, K_{II}, K_{I_c}\right) = 0 \qquad (2.3.2)$$

Puede ser análogo a la existente entre los dos esfuerzos principales y el esfuerzo de cedencia. Tal ecuación puede ser familiar al criterio de Von Mises.

$$F(\sigma_1, \sigma_2, \sigma_y) = 0 \qquad (2.3.3)$$

A falta de un criterio aceptado para el crecimiento de la grieta en modos combinados, se discuten los tres más ampliamente utilizados a continuación [63]:

El primer criterio está basado en una interpretación física del fenómeno del "esfuerzo circunferencial máximo", el cual establece: "la extensión de la grieta inicia en el extremo de la grieta en la dirección perpendicular a la dirección del esfuerzo circunferencial más grande σ_θ y para un valor de σ_θ correspondiente a $\sigma_\theta\sqrt{2\pi r} = K_{Ic}$, esto se traduce como:

$$\sigma_\theta|_{\theta=\theta_0} > 0, \qquad \left.\frac{\partial \sigma_\theta}{\partial \theta}\right|_{\theta=\theta_0} = 0 \quad y \quad \left.\frac{\partial^2 \sigma_\theta}{\partial \theta^2}\right|_{\theta=\theta_0} < 0 \qquad (2.3.4)$$

A partir de la teoría de William [64] se obtiene:

$$\frac{\cos\theta_0}{2}[K_I \sin\theta_0 + K_{II}(3\cos\theta_0 - 1)] = 0 \qquad (2.3.5)$$

La ecuación 2.3.5 tiene 2 soluciones:

1. $\theta_0 = \pm\pi$, lo que constituye una solución trivial; y
2. $K_I \sin\theta_0 + K_{II}(3\cos\theta_0 - 1) = 0$

Donde θ_0 que es el ángulo de extensión de la grieta se obtiene como sigue:

$$\tan\theta_0 = \frac{1}{4}\frac{K_I}{K_{II}} \pm \frac{1}{4}\sqrt{\left(\frac{K_I}{K_{II}}\right)^2 + 8} \qquad (2.3.4)$$

Finalmente se escribe:

$$\sigma_\theta |_{\theta=\theta_0} \sqrt{2\pi r} = K_{Ic} \qquad (2.3.5)$$

Y de la solución de William [64] se obtiene:

$$\frac{K_I}{K_{I_c}} \cos^3 \frac{\theta_0}{2} - \frac{3}{2} \frac{K_{II}}{K_{I_c}} \cos \frac{\theta_0}{2} \sin \theta_0 = 1 \qquad (2.3.6)$$

Esta condición corresponde a la fractura frágil en dirección θ_0 en un medio lineal elástico.

El segundo, es el "criterio de la densidad de energía de deformación mínima", establecido a partir de la densidad de energía de deformación.

Esta ecuación puede ser utilizada para definir un factor de intensidad de esfuerzos equivalente K_{eq} para problemas en modos combinados:

$$K_{eq} = K_I \cos^3 \frac{\theta_0}{2} - \frac{3}{2} K_{II} \cos \frac{\theta_0}{2} \sin \theta_0 \qquad (2.3.7)$$

Usualmente, para un mismo material, la resistencia a la fractura y el esfuerzo de cedencia están inversamente relacionados, es decir, a medida que K_{Ic} aumenta, σ disminuye, como se muestra en la figura 2.3.1 de manera que optar por un metal más tenaz desplaza la curva de resistencia residual hacia arriba y a la derecha, ampliando la zona de dominio de la sección neta [62]:

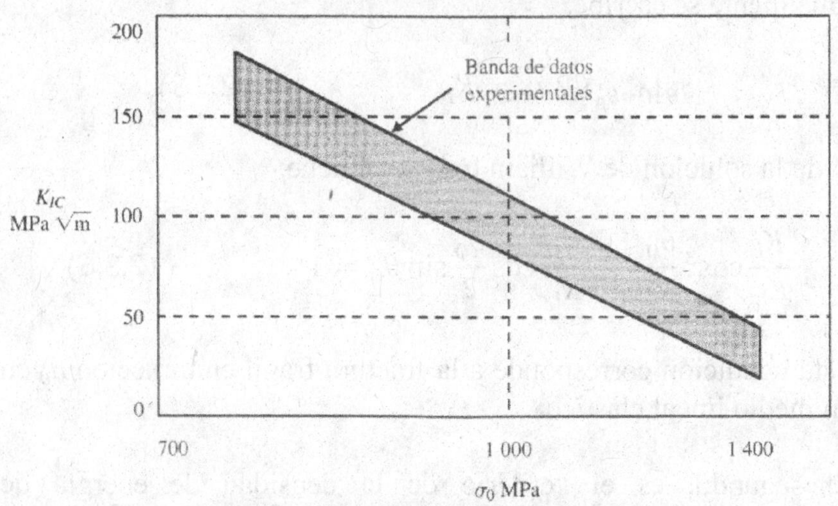

Figura 2.3. 1. Efecto del límite de cedencia en la resistencia a la fractura de un acero estructural.

2.4 Principio de Energía

Para explicar el principio de energía, se considera una placa delgada, elásticamente cargada con una grieta de longitud *a,* una carga aplicada *P* y cuya abertura de grieta en el borde sufre un desplazamiento *v.*

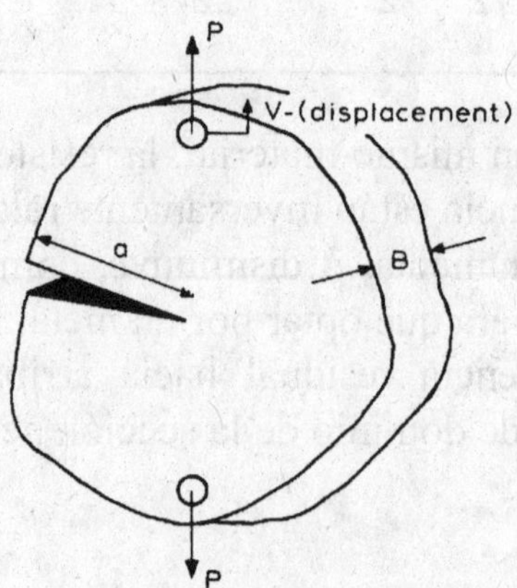

Figura 2.4. 1. Placa agrietada.

Si se define a F como el trabajo suministrado por las cargas, U como la energía elástica almacenada y W como la energía necesaria para extender la grieta, el balance de energía durante la extensión de la grieta es:

$$F - U - W = 0 \qquad (2.4.1)$$

La diferencia (F - U) es la energía que entra menos la almacenada, y representa la energía disponible en el sistema para realizar trabajo. La razón de cambio de la diferencia (F - U) con respecto al cambio de tamaño de grieta, representará entonces la rapidez de liberación de energía durante el agrietamiento, esto es, que tanta energía está liberando el sistema y se está transfiriendo como trabajo para extender la grieta. Si esta rapidez de liberación de energía es G, y R es la cantidad de trabajo necesaria para provocar una extensión de la grieta, se puede escribir que [64]:

$$G = \frac{d(F - U)}{da} \qquad (2.4.2)$$

$$R = \frac{dW}{da} \qquad (2.4.3)$$

De acuerdo con el criterio de energía, si $G > R$, significa que la rapidez de liberación de energía es mayor que la energía requerida para extender la grieta y la grieta se propagará. Este es por lo tanto el criterio de energía.

Considerando placa de la figura 2.4.1, se tiene que cuando la grieta incrementa su tamaño una cantidad da, el desplazamiento se incrementará una cantidad dv. Por lo tanto, el trabajo realizado por las fuerzas externas es Pdv. Lo que da:

$$G = \frac{d}{da}(F - U) = \frac{1}{B}\left(P\frac{dv}{da} - \frac{dU_t}{da}\right) \qquad (2.4.4)$$

Donde B es el espesor de la placa y U_t es la energía elástica total en la placa. El desplazamiento v es proporcional a la carga:

$$v = CP \tag{2.4.5}$$

Para una placa sin grietas y de longitud L, ancho W, espesor B y modulo de elasticidad E, la complianza es:

$$C = \frac{L}{WBE} \tag{2.4.6}$$

La energía elástica contenida en la placa agrietada:

$$U_t = \frac{1}{2}Pv = \frac{1}{2}CP^2 \tag{2.4.7}$$

Sustituyendo la ecuación anterior en la ecuación de la rapidez de liberación de energía se tiene:

$$G = \frac{1}{B}\left(P^2\frac{\partial C}{\partial a} + CP\frac{dP}{da} - \frac{1}{2}P^2\frac{\partial C}{\partial a} - CP\frac{dP}{da}\right) = \frac{P^2}{2B}\frac{\partial C}{\partial a} \tag{2.4.8}$$

Lo términos con *dP/da* se cancelan. Esto quiere decir que G es independiente de que si la carga es constante o no:

$$G = \frac{P^2}{2B}\frac{\partial C}{\partial a} = \frac{1}{B}\left(\frac{dU_t}{da}\right)_P = -\frac{1}{B}\left(\frac{dU_t}{da}\right)_v \tag{2.4.9}$$

El cambio de signo de *G,* según se trate de condiciones de desplazamiento o carga constante, tiene una enorme consecuencia práctica, ya que significa que en una grieta que se propaga bajo condiciones de carga constante, la rapidez de liberación de energía aumenta a medida que crece la grieta, y por lo tanto, hay más energía disponible para su propagación, haciendo que la propagación sea autoacelerada; mientras que en condiciones de desplazamiento constante sucede lo opuesto, esto es, G disminuye progresivamente de manera que la grieta crecerá hasta una determinada longitud y se detendrá.

El valor de G está relacionado con el factor de intensidad de esfuerzos K, para un sólido lineal-elástico, como se demuestra a continuación:

En una placa infinita, el esfuerzo en la punta de la grieta es:

$$\sigma_y = K_I\sqrt{2\pi r} \qquad (2.4.10)$$

El desplazamiento de abertura de una grieta de longitud a es:

$$V = 2\sqrt{\frac{2}{\pi}\alpha\left(\frac{K}{E}\right)\sqrt{(\delta a - r)}} \qquad (2.4.11)$$

Donde: $\alpha = (1 - v^2)$

El trabajo por unidad de espesor, bajo una extensión de la grieta es:

$$dW = \int \sigma V dr = \int K(\pi r)^{-1/2} V dr \qquad (2.4.12)$$

Sustituyendo v:

$$dW = (2/\pi)\alpha(K^2/E)\int((\delta a - r)/r)^{1/2} dr \qquad (2.4.14)$$

Para resolver la integral, se toman las siguientes condiciones de frontera:

Sea: $r = \delta a \sin^2 \theta$
En la posición $r = 0, \theta = 0$
Cuando $r = \delta a, \theta = \pi/2$
Obteniendo $dr = 2\delta a \sin\theta \cos\theta \, d\theta$

Resolviendo la ecuación 2.4.14 con las condiciones de frontera, queda que:

$$G = \frac{K^2}{E}(1 - v^2) \qquad Deformación\ Plana \qquad (2.4.15)$$

$$G = \frac{K^2}{E} \qquad Esfuerzo\ Plano \qquad (2.4.16)$$

G puede ser obtenida de una manera gráfica. Para una grieta de tamaño *a,* la línea carga-desplazamiento está representada en la figura por OA. Para una grieta de tamaño *a* + *da* la relación está dada por OE.

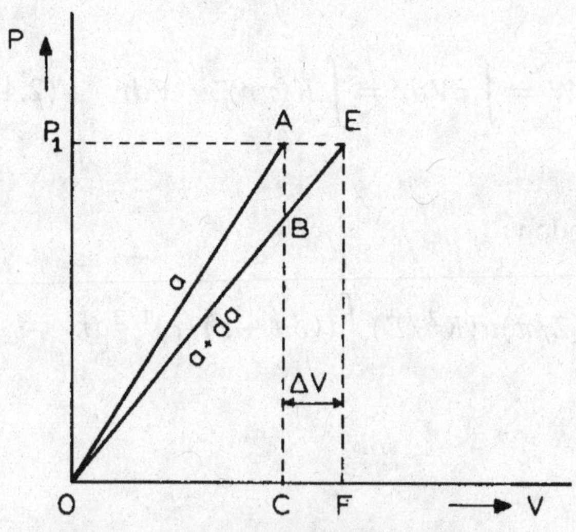

Figura 2.4. 2. Curva carga desplazamiento para una placa con grieta en modo I.

La curva P-v (figura 2.4.2) es la recta OA, cuya pendiente es la rigidez del cuerpo agrietado. En MFLE es más común utilizar el término complianza C, que es el inverso de la pendiente. La recta OA termina justa en el momento en que la grieta experimenta una extensión da. De acuerdo con lo que suceda con la carga al llegar al punto A, existen dos casos posibles:

Carga constante: si la carga se fija al punto A, al haber una extensión da de la grieta, existe un incremento en el desplazamiento, de manera que al descargar y volver a aplicar carga, la relación carga-desplazamiento será una recta de menor pendiente (recta OE).

Desplazamiento constante: si la carga se aplica mediante un marco rígido de modo que al alcanzar el punto A hay una extensión de la grieta, el marco rígido hace que el desplazamiento v sea constante, de modo que la energía elástica almacenada es relajada y la carga disminuye a un valor B. De nuevo, al descargar y volver a incrementar la carga, la recta será OB. Se debe notar que en ambos casos al haber una extensión de la grieta, la complianza aumenta, pero en el caso de carga constante el área bajo la curva P contra v aumenta (OAE), mientras que para el desplazamiento constante, el área bajo la curva disminuye (OAB); esto implica que en carga constante la energía del sistema aumenta al crecer la grieta y en desplazamiento constante esta energía disminuye.

2.5 La Integral J

Elshelby [9] definió un número de integrales de contorno las cuales son de trayectoria independiente por virtud de la conservación de la energía. Rice [8] desarrolló un método de análisis matemático para determinar la energía de fractura de un cuerpo sin estar restringido por condiciones de linealidad y por lo tanto involucrando deformaciones tanto elásticas como plásticas.

En este método se define la integral J como el parámetro que caracteriza el comportamiento de la grieta en tales condiciones. Rice notó la importancia de la integral J como un criterio para el crecimiento de la grieta en la mecánica de la fractura. Mientras la introducción original de la integral J fue limitada a problemas sin esfuerzos ni deformaciones internas y sin tracciones en la superficie de la grieta, el nuevo desarrollo ha sido extendido a grietas cohesivas y problemas dinámicos.

Primero, el problema es considerado sin la presencia de fuerzas de cuerpo y tracciones en la grieta. La forma bidimensional de una de estas :

$$J = \int_{\Gamma} \left(W dy - T \frac{\partial u}{\partial x} d\Gamma \right) \qquad (2.5.1)$$

Donde

$$W = \int_{0}^{\varepsilon} \sigma_{ij} d\varepsilon_{ij} \qquad (2.5.2)$$

$$-\frac{d\Pi}{da} = \oint_{\Gamma} \left(W dy - T \frac{\partial u}{\partial x} d\Gamma \right) \qquad (2.5.3)$$

Lo cual resulta en:

$$J = -\frac{d\Pi}{da} \qquad (2.5.4)$$

Esto es equivalente a la definición de la rapidez de liberación de energía para materiales lineales elásticos:

$$\frac{\partial \Pi}{\partial a} = G \qquad (2.5.5)$$

$$J = G \qquad (2.5.6)$$

En el presente, muchas simulaciones están basadas en la evaluación directa de la integral *J*. Los resultados serán utilizados para calcular el factor de intensidad de esfuerzos y la rapidez de liberación de energía a partir de los conceptos clásicos de la mecánica de la fractura. El desarrollo de Rice para la integral *J* se presenta en el apéndice C.

2.6 El Método del Elemento Finito en la Mecánica de la Fractura.

El método del elemento finito ha sido una de las herramientas más eficientes para la solución de problemas de la mecánica de la fractura. [65]. Para condiciones elástico-lineales, los esfuerzos cerca de la punta de la grieta son inversamente proporcionales a $\sqrt{r}$, donde r es la distancia a partir de la punta de la grieta. Aunque los elementos convencionales no pueden representar un campo de esfuerzos $1/\sqrt{r}$, pero pueden ser utilizados para obtener el al factor de intensidad de esfuerzos ya que los cálculos requeridos dependen de condiciones cerca de la punta de la grieta pero no en ella [66].

Los triángulos planos de seis nodos se comportan de la misma manera. Por lo tanto, es apropiado rodear la punta de la grieta con un disco en el cual los elementos salen a partir de la punta de la grieta teniendo sus nodos a un cuarto. Para mejor aproximación es recomendado que cada triangulo sea isósceles, $l<a/8$, y $30°<\alpha<40°$. La variación de esfuerzos $1/\sqrt{r}$ aparece en todos los rayos que salen de la punta de la grieta.

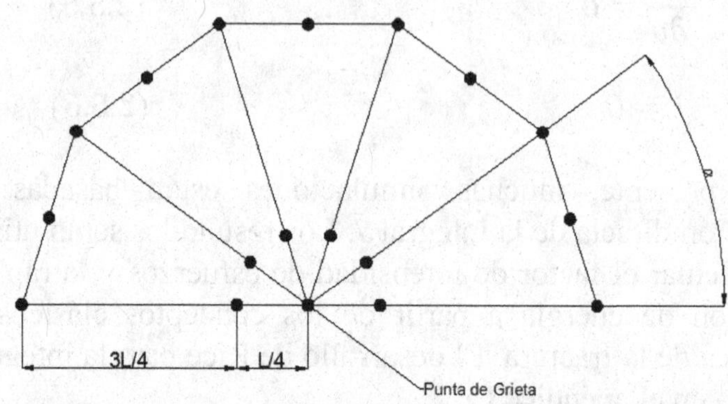

Figura 2.6.1. Malla de elementos de punto a un cuarto alrededor de una punta de grieta.

2.7 X-FEM

El método de los elementos finitos (FEM) ha sido ampliamente aplicado en mecánica de la fractura elástica lineal (MFEL) [67]. Sin embargo, obtener soluciones precisas con el FEM clásico conlleva un alto costo computacional, ya que la malla debe ser conforme con la geometría de la grieta y en general, si se utilizan elementos estándares, se necesita un alto nivel de refinamiento alrededor de la misma. El método de los elementos finitos extendido (XFEM), introducido inicialmente por Belytschko y Black [68] y redefinido por Moës et al. [69], reduce estos inconvenientes ya que permite hacer independiente la malla de la geometría de la grieta.

En este método la grieta no está representada por la frontera de los elementos sino que se representa enriqueciendo los nodos adecuados con nuevos grados de libertad que introducen la discontinuidad del campo de desplazamientos en las caras de la grieta (función escalón de Heaviside) y el primer término del campo asintótico de desplazamientos alrededor del extremo de grieta (funciones singulares).

En la formulación mediante XFEM aplicada a problemas de MFEL, la aproximación estándar de EF para los desplazamientos se enriquece con dos tipos de funciones: una función escalón para representar la discontinuidad en la grieta, ***H(x)***, y unas funciones singulares que permiten representar el primer término del campo asintótico de desplazamientos alrededor del extremo de grieta, $F^{\alpha}(x)$ [69]. La función ***H(x)*** es una función Heaviside modificada para que tome el valor −1 en la región del dominio que queda a un lado de la grieta y el valor +1 en la región que queda al otro lado, definida como:

$$H(x) = \begin{Bmatrix} +1 & si\, d(x) < 0 \\ -1 & si\, d(x) \geq 0 \end{Bmatrix} \tag{2.7.1}$$

Donde *d(x)* es una función distancia signada a la grieta. Las funciones $F^{\alpha}(x)$ forman una base del primer término del campo asintótico de desplazamientos alrededor de un extremo de grieta:

$$F^{\alpha}(x) = \sqrt{r}\left\{\sin\frac{\theta}{2}, \cos\frac{\theta}{2}, \sin\frac{\theta}{2}\sin\theta, \cos\frac{\theta}{2}\sin\theta\right\} \tag{2.7.2}$$

La aproximación mediante XFEM presenta la siguiente forma:

$$u^h(x) = \sum_{i\in I} N_i(x)a_i + \sum_{j\in J} N_j(x)H(x)\boldsymbol{b}_j + \sum_{k\in K} \tilde{N}_k(x)\left(\sum_{\alpha=1}^{4} F^{\alpha}(x)c_k^{\alpha}\right) \tag{2.7.3}$$

Donde *I* es el conjunto de todos los nodos de la malla, *J* es el conjunto de nodos enriquecidos con la función de Heaviside y *K* es el conjunto de nodos enriquecidos con las funciones singulares asociadas al campo asintótico alrededor de un extremo de grieta. N_i son las funciones de forma de EF estándares asociadas al nodo i y a_i son los grados de libertad nodales de la aproximación de EF clásica (desplazamientos nodales en el caso de nodos no enriquecidos). Los coeficientes ***bj*** son los grados de libertad asociados a la función Heaviside, $\tilde{N}_k$ son las funciones de forma estándar de orden lineal utilizadas para la partición de la unidad de las funciones singulares, y c_k^α son los correspondientes grados de libertad.

El campo de la Mecánica de la Fractura trata de la predicción de la propagación de grietas en estructuras y parte de la premisa de que todos los materiales presentan imperfecciones, a causa del proceso de manufactura, las cuales durante el periodo de servicio pueden convertirse en grietas. En este capítulo se presentaron los fundamentos de la mecánica de la fractura, lo cual será la base para el desarrollo de esta tesis.

Capítulo 3. Sistemas mecánicos con fricción

Un tema básico de la ingeniería es la comprensión del comportamiento e influencia de las fuerzas dentro de un material. Siempre que dos cuerpos en contacto se deslicen, rueden o se separen uno respecto al otro, una fuerza conocida como fricción se produce en su interfaz la cual se opone a su movimiento [70].

La fricción puede ser definida como la suma de las fuerzas que actúan en una superficie en dirección opuesta al movimiento relativo. El coeficiente de fricción está definido como la fuerza de fricción total dividida entre la carga normal.

La fricción depende de [71]:

1. La interacción molecular (adhesión) de las superficies.
2. La interacción mecánica entre las partes.

En base a lo anteriormente expuesto, se definen las dos formas en que la fricción actúa en los sistemas mecánicos:

3.1 Fricción deslizante

Desde el punto de vista microscópico, todo metal maquinado en su superficie presenta rugosidades. Las rugosidades individuales son llamadas asperezas y presentan variadas alturas y profundidades. Así, cuando dos superficies están en contacto, realmente tocan una cantidad finita de puntos. En otras palabras, su verdadera área de contacto es una fracción de la aparente.

Cuando dos superficies de metal limpias se unan bajo carga, las asperezas que se tocan quedan soldadas, formando enlaces o uniones que son tan fuertes como el metal base. Cuando comienza el movimiento relativo o si la carga se incrementa, estas soldaduras o enlaces tienden a incrementarse. Esto es llamado crecimiento de unión y por la tanto la fuerza de fricción aumenta en gran medida a causa de estos enlaces los cuales deben ser cortados para permitir el movimiento. Además, el número de asperezas en contacto se incrementa a causa de la deformación plástica y el desgaste de otras. Este proceso general de formación de uniones también es conocido con el término de *fricción adhesiva* o *soldado en frio*.

Cuando un metal es considerablemente más duro que el otro, éste puede cortar a través del más suave. Estos cortes contribuyen al total de la fuerza de fricción. Un efecto similar ocurre por contaminantes abrasivos como la arena, suciedad, etc.
Una fuerza de fricción más pequeña, en comparación con las anteriores, es requerida para cortar o deslizar sobre cualquier película que separe las dos superficies. Tales películas incluyen óxidos ligeros, lubricantes y todas las formas contaminantes no abrasivas.

La fuerza de fricción total en el deslizamiento es igual a la suma de las fuerzas requeridas para:

1. *Cortar las uniones metálicas.*

2. *Cortar sobre el metal más suave.*

3. *Cortar la superficie de la película y/o lubricante.*

Para superar la fricción en el espacio se necesita controlar las condiciones de operación tal como materiales, dureza y rugosidad superficial, limpieza y lubricación. Idealmente, la fricción se expresa como:

$$F = AS_1 \qquad (3.1.1)$$

3.2 Fricción rodante

La fricción rodante es la condición donde fuerzas combinadas se oponen al movimiento de un cuerpo que rueda sobre otro. La fuerza total de fricción rodante está compuesta por los siguientes factores [72]:

- *Deslizamiento en el área de contacto.* Se atribuye a la deformación elástica de los cuerpos en contacto, todos los puntos en la zona de contacto no se encuentran en el mismo plano. El deslizamiento es una forma de fricción deslizante entre elementos rodantes y la superficie opuesta.

- *Pérdidas por histéresis elástica.* La energía absorbida por los cuerpos elásticos no se libera totalmente al sistema cuando se libera el esfuerzo.

- *Factores misceláneos.* Tales como:

    1. Fallas en la geometría.
    2. Presencia de contaminantes.
    3. Deformación plástica de asperezas superficiales.
    4. El trabajo realizado para crear una superficie libre durante el rodado.

A continuación, se describen algunos de los sistemas mecánicos con fricción comúnmente encontrados en la industria:

El cojinete de deslizamiento es junto al rodamiento un tipo de cojinete usado en ingeniería. Un cojinete de deslizamiento es un cojinete en el que dos casquillos tienen un movimiento en contacto directo, realizándose un deslizamiento con fricción, buscando que esta sea la menor posible. La reducción del rozamiento se realiza según la selección de materiales, y lubricantes.

Al tocarse las dos partes, que es uno de los casos de uso más solicitados de los cojinetes de deslizamiento, el desgaste en las superficies de contacto limita la vida útil. La generación de la película lubricante que separa por una lubricación completa requiere un esfuerzo adicional para elevar la presión, y que se usa sólo en máquinas de gran tamaño para grandes cojinetes de deslizamiento.

La resistencia al deslizamiento provoca la conversión de parte de la energía cinética en calor, que desemboca en las partes que sostienen los casquillos del cojinete.

Los rodamientos, constituyen la mayor parte de elementos de máquinas que incorporan problemas de contacto Hertzianas. Desde el punto de vista práctico, se suelen dividir en dos clases: en rodamientos de bolas y rodamientos de rodillos.

Cualquier rodamiento esta caracterizado por dos números, la capacidad de carga estática y la vida L. la capacidad de carga estática, es la carga que se puede aplicar a un rodamiento que esta estacionario o sujeto a un ligero movimiento de giro. En la práctica, se toma como la carga máxima para la cual la deformación combinada del elemento rodante y las pistas no sea mayor de 0.001 del diámetro del elemento rodante. L_{10} representa la capacidad dinámica básica del rodamiento, es decir, la carga a la que la vida de un cojinete es 1, 000, 000 de revoluciones y la tasa de falla del 10%.

Como en la mayoría de las aplicaciones de ingeniería, la lubricación de un rodamiento de contacto de Hertz, se lleva a cabo por dos razones: para controlar las fuerzas de fricción y para reducir al mínimo la probabilidad de fallo del contacto [70].

Uno de los elementos de la máquina más comunes es el pistón dentro de un cilindro que normalmente forma parte de un motor, aunque arreglos similares se encuentran también en bombas, motores hidráulicos, compresores de gas y extractores de vacío. La función principal de un conjunto de pistón es el de actuar como un sello y para contrarrestar la acción de las fuerzas de fluido que actúan sobre la cabeza del pistón. En la mayoría de los casos, la acción de sellado se consigue mediante el uso de los anillos de pistón.

Los pistones normalmente son lubricados, pero en algunos casos, los anillos de pistones especialmente formulados para trabajar sin lubricación. La falla en el sistema de pistón se manifiesta por la pérdida de compresión [70].

Los sistemas de leva-seguidor son ampliamente utilizados en la ingeniería. Una aplicación importante de este sistema es el tren de válvulas del automóvil, es un sistema que todas las posibles complicaciones de un contacto leva-seguidor. En levas y empujadores automotrices el esfuerzo máximo de Hertz generalmente se encuentra entre 650 y 1300 MPa y la velocidad máxima de deslizamiento puede superar los 10 m/s.

En un contacto de leva y el empujador, la fricción es un factor que influye relativamente poco en el rendimiento y su efecto principal es la generación de calor no deseado. Por lo tanto se desea el mínimo valor posible de fricción. El requisito de diseño importante en lo que se refiere al contacto es que las superficies de trabajo deben soportar las cargas impuestas sin desgaste grave u otra forma de error de superficie. Por lo tanto, se concluye que el desarrollo de levas y empujadores está dominado por la necesidad de evitar el error de superficie.

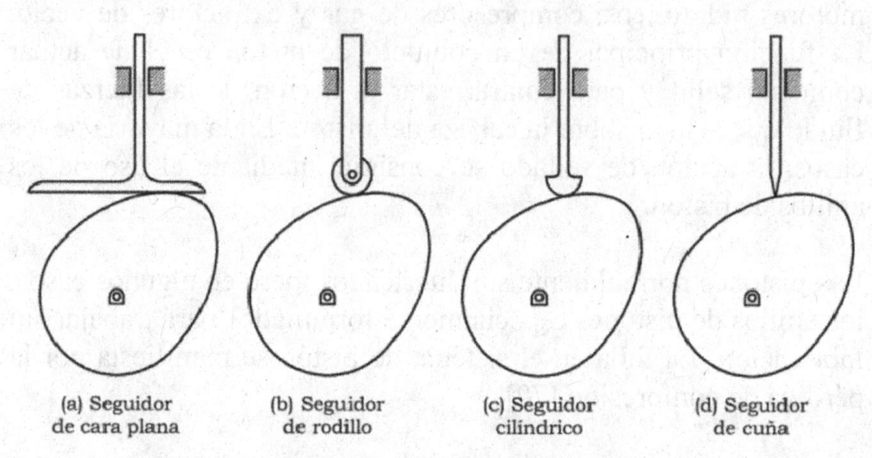

Figura 3.1.1.- Levas con diferentes tipos de seguidor [70]

En la figura 3.1.1, se muestran las disposiciones más comunes de leva-seguidor. En la figura 3.1.1.a se muestra un **seguidor de cara plana** los cuales son más pequeños que los seguidores de rodillo en algunos diseños de leva, por lo que usualmente se prefieren, así como por su menor costo, en trenes para válvulas automotrices. El **seguidor de rodillo** (figura 3.1.1.b) se utilizan con más frecuencia en maquinaria de producción, donde su facilidad de reemplazo y disponibilidad constituyen sus principales ventajas. Las levas de pista o ranura requieren seguidores de rodillo. Los seguidores de rodillo son cojinetes de bolas o rodillos comerciales. El **seguidor de rodillo** (figura 3.1.1.c) se diseñan y fabrican sobre pedido para cada aplicación. En aplicaciones de alto volumen, como motores automotrices, las cantidades son suficientemente altas para garantizar un seguidor diseñado sobre pedido.

3.3 Engranes

Entre los mecanismos de transmisión de movimiento, uno de los más exitosos es el basado en engranes. Ya que se consiguen movimientos de manera continua, semicontinua o alterada y provee una amplia gama de posibilidades de transmisión gracias a los diferentes tipos de diseños posibles. Para adoptar las decisiones de cálculo son esenciales las consideraciones cinemáticas y de diseño.

Las consideraciones que siguen deben tenerse como importantes factores limitadores del diseño al especificar la capacidad de una transmisión de engranes:

- El calor generado durante la operación.
- La falla de los dientes por ruptura.
- La falla por fatiga en la superficie del diente.
- El desgaste abrasivo en la superficie de éstos.
- El ruido resultante de velocidades altas o de cargas fuertes.

La fractura es la falla más común de los engranes [48] y se produce debido a sobrecargas producto de los ciclos de tensiones aplicados al diente, los cuales sobrepasan el límite de resistencia del material. Estos tipos de fractura generalmente ocurren en la raíz del diente y se propaga a lo largo de la base del mismo. Las fracturas en sistemas no lubricados se deben generalmente a sobrecargas. Fracturas en otras zonas superiores del diente están generalmente relacionadas con el desgaste.

Los sistemas mecánicos con fricción, tal como los cojinetes, rodamientos y pistones, de acuerdo a la bibliografía, se agrietan o fallan en zonas expuestas al contacto. En este estudio se estima el valor del SIF sin que el contacto afecte directamente el comportamiento de la grieta. En el caso de la leva, la bibliografía menciona que es un elemento con poca fricción por lo que su estudio es geométrico.

De lo anteriormente expuesto, se tomó como referencia de estudio el engrane, ya que un caso común es la ruptura en la raíz del diente, que es una zona lejos del contacto, con base a la revisión bibliográfica que se presentó, no se aprecian análisis de este sistema que considere los efectos de la fricción para la determinación del comportamiento del SIF, ya que los autores generalmente enfocan su estudio a la falla por fatiga y la relación que existe con el SIF, sin tomar en cuenta los efectos de la fricción mediante los métodos numéricos y nuevas técnicas propuestas que se han mencionado, de tal manera que en esta tesis se realzaron modelos mediante MEF y X-FEM para estimar los efectos de la fricción sobre los SIF's.

Capítulo 4. Modelos Discretos

En este capítulo se presentan las simulaciones hechas con la finalidad de estudiar el comportamiento de los SIF's en cuerpo agrietados. En la sección 4.1 se presentan tres placas modeladas mediante MEF, en las que las primeras dos presentan la misma configuración mostrada en la figura 4.1.1, la diferencia de la primera respecto a la segunda es que en la primera se utilizan elementos lineales para describir el campo de esfuerzos. En la segunda se realizan con elementos parabólicos con punto a un cuarto cuya función es descrito la sección 2.6. La tercera placa presenta una grieta central, la configuración de la placa se muestra en la figura 4.1.6 y se hace con elementos parabólicos, se realizan los cálculos analíticos de los SIF's para las placas y se calculan las diferencias porcentuales de los resultados obtenidos, con la finalidad de verificar el proceso de simulación del fenómeno de fractura.

En la sección 4.2 se presenta la simulación de un engrane, vía FEM, que contiene una grieta en la raíz de uno de sus dientes. Este engrane se encuentra sujeto a una carga de 100 N [44], se presenta los cálculos analíticos y las diferencias porcentuales con respecto a los resultados obtenidos de la simulación.

Mediante X-FEM se presenta el modelo discreto de un engrane con una grieta en la raíz de su diente. Se realizan cuatro simulaciones variando el ángulo de la grieta junto con el coeficiente de fricción. Se presentan los resultados obtenidos de las simulaciones y se obtienen las gráficas del comportamiento del sistema.

4.1 Simulación numérica por Elemento Finito de placas agrietadas

En este capítulo, se presentan simulaciones de dos placas con grietas, una en el borde y otra en el centro de la misma, en el software de elemento finito ABAQUS 6.11 ®. Estas simulaciones se realizan con el objetivo de estudiar del comportamiento del SIF en un elemento agrietado y así poder realizar la verificación del modelo discreto mediante la teoría de la mecánica de la fractura.

La placa que se consideró fue tomada de [73], ya que es un modelo ampliamente utilizado en la comprensión de la Mecánica de la Fractura. Las propiedades del modelo se enuncian a continuación:

ν=	0.3				
σ=	1.40E+08	Pa	E=	2.07E+11	Pa
W=	5.00E-02	m			
a=	1.00E-02	m			

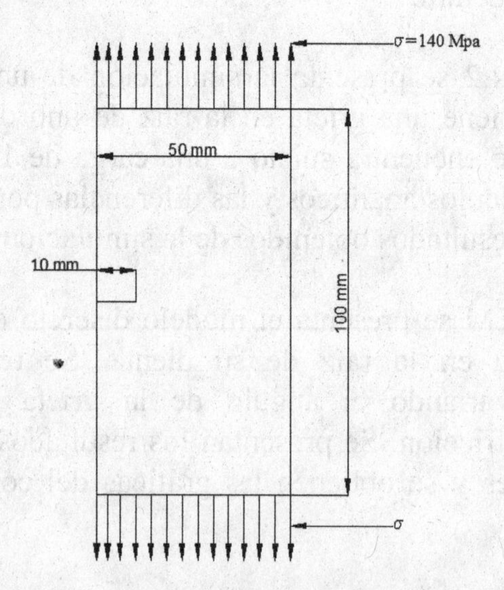

Figura 4.1.1. Placa considerada para análisis.

Mediante el software de elemento finito ABAQUS 6.11® se realiza el modelo discreto. En una etapa estática, se analiza en el modo Standard. Se aplica una tensión en los extremos de la placa de la magnitud antes descrita y se realiza la simulación.

Figura 4.1.2. Modelo discreto de la placa sometida a esfuerzo.

Con la simulación, se obtiene la siguiente distribución de esfuerzos en la punta de la grieta. En la figura 4.1.3, se aprecia la distribución de esfuerzos en la punta de la grieta. Para esta configuración, las líneas de esfuerzo que van a lo largo de la placa son desviadas a causa de la grieta, esto se aprecia en la figura anterior ya que la zona donde más está abierta la grieta no está sometida a un esfuerzo considerable.

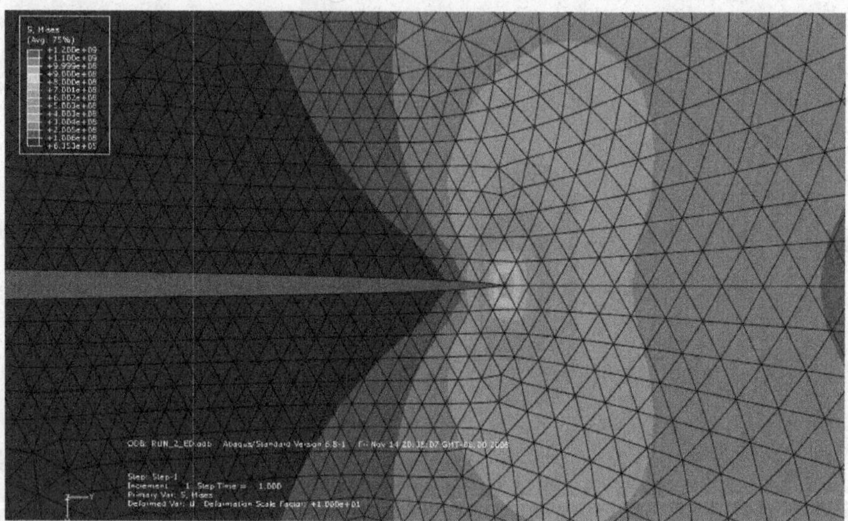

Figura 4.1.3. Distribución de los esfuerzos alrededor de la punta de la grieta.

Los resultados obtenidos para el factor de intensidad de esfuerzos y la rapidez de liberación de energía a partir de la simulación en ABAQUS, se compararon con la teoría de mecánica de la fractura haciendo uso de la ecuación 2.2.2 y de la ecuación 2.4.15, obteniendo los siguientes resultados:

$$K_{ABAQUS} = 34.95\ MPa\sqrt{m}$$

$$G_{ABAQUS} = 5038.1837\ {}^{J}/_{m^2}$$

Los valores teóricos se calcularon como se indica a continuación, se considera el caso de deformación plana ya que el problema se encuentra planteado así en la referencia del que fue tomado [73]:

$$K_I = \sigma\alpha\sqrt{\pi a}$$

$$\alpha = 1.12 - 0.23\left(\frac{10}{50}\right) + 10.55\left(\frac{10}{50}\right)^2 - 21.71\left(\frac{10}{50}\right)^3 + 30.38\left(\frac{10}{50}\right)^4 = 1.371$$

$$K_I = 140e6 \times 1.371 \times \sqrt{\pi \times 10e-3} = 34.02\ MPa\sqrt{m}$$

$$G = \frac{K^2}{E}(1-\nu^2) = \frac{(34.02e6)^2}{207e9}(1-0.3^2) = 5090\ \frac{J}{m^2}$$

Los valores del factor α se obtienen en base a las tablas del apéndice D.

Las diferencias porcentuales se muestran a continuación.

$$e_K = \left(1 - \frac{34.02}{34.95}\right) \times 100\% = 2.66\%$$

$$e_G = \left(1 - \frac{5090}{5038.18}\right) \times 100\% = 1.018\%$$

Las diferencias porcentuales indican que los valores obtenidos en el software corresponden a los valores esperados del factor de intensidad de esfuerzos de acuerdo a la teoría. Con esto se considera que la simulación de este modelo se realizó de la forma adecuada y que los resultados son consistentes con la teoría.

Con base a la teoría de elemento finito encontrada en [66], se hizo una malla con elementos parabólicos, ya que los elementos convencionales no pueden representar un campo de esfuerzos $\frac{1}{\sqrt{r}}$ y los elementos parabólicos con singularidad a un cuarto, proveen gran aproximación para un número dado de elementos. Estos elementos singulares se puede observar en la figura 4.1.4.

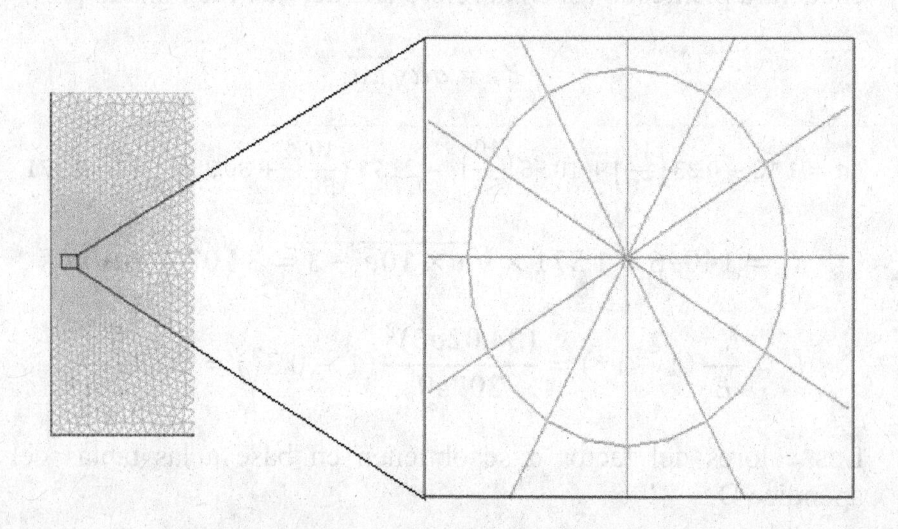

Figura 4.1.4. Modelo discreto hecho con elementos parabólicos y elementos singulares en la punta de la grieta.

El análisis de la placa con elementos parabólicos se simuló en ABAQUS, con la finalidad de obtener la singularidad $\frac{1}{\sqrt{r}}$ descrita en la sección 2.6, quedando la distribución de esfuerzos como se muestra en la figura 4.1.5, en la cual se pueden observar los nodos de los elementos singulares y la distribución de los esfuerzos alrededor de la punta de la grieta.

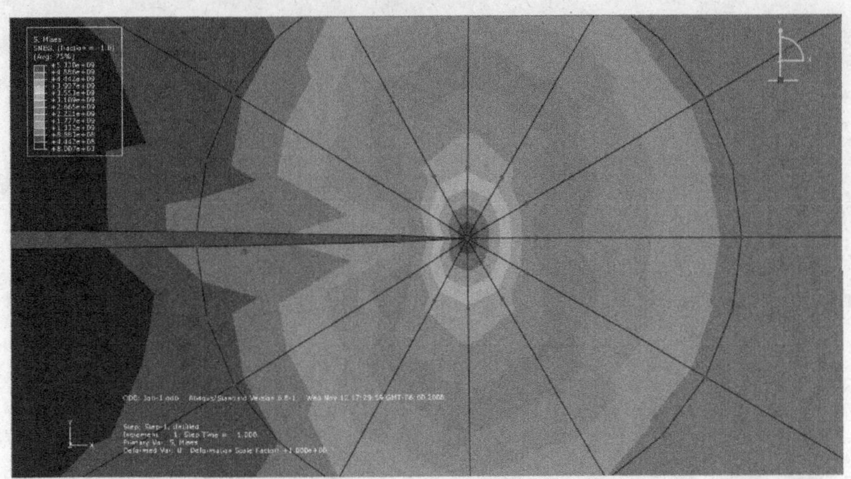

Figura 4.1.5. Distribución de esfuerzo y Elementos con singularidad a un cuarto en simulados en ABAQUS.

Continuando con el estudio del comportamiento de elementos agrietados, se presenta la simulación de la placa con grieta en el centro. La simulación se realiza mediante una etapa estática en modo Standard, en los extremos de la placa se aplica una tensión de la magnitud mostrada en la figura 4.1.6:

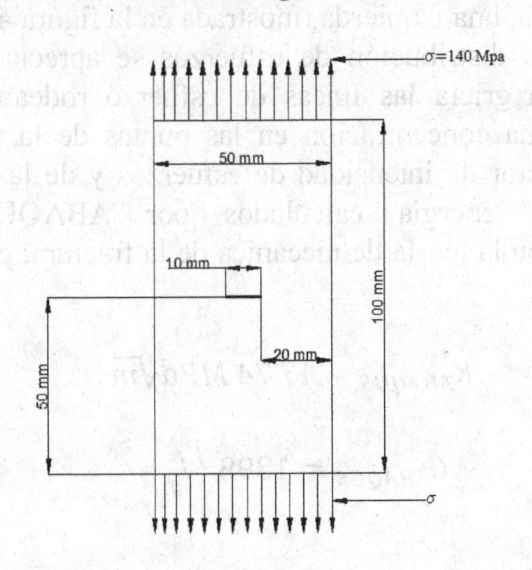

Figura 4.1.6. Placa agrietada considerada para el segundo análisis.

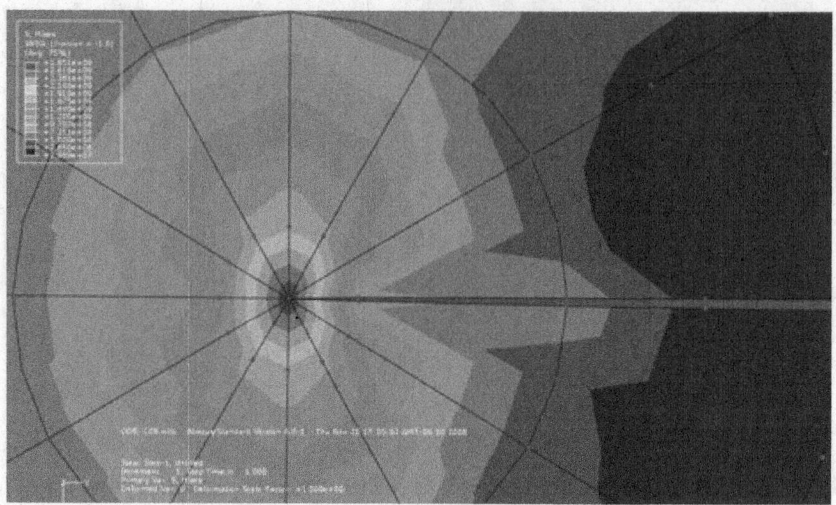

Figura 4.1.7. Distribución de esfuerzo alrededor de la punta de una grieta con elementos singulares simulado en ABAQUS.

Al término de la simulación, se obtiene la distribución de esfuerzos mostrada en le figura 4.1.7, donde se pueden observar los nodos a un cuarto de distancia de la punta izquierda de la grieta; se hace la aclaración de que esta configuración tiene dos puntas de grieta, una izquierda (mostrada en la figura 4.1.7) y una derecha. De la distribución de esfuerzos se aprecia que en la apertura de la grieta las líneas de esfuerzo rodean la grieta, presentando una concentración en las puntas de la grieta. Los valores del factor de intensidad de esfuerzos y de la rapidez de liberación de energía calculados por ABAQUS fueron comparados con la teoría de mecánica de la fractura, para validar los resultados:

$$K_{ABAQUS} = 17.74\ MPa\sqrt{m}$$

$$G_{ABAQUS} = 1398\ {}^{J}/_{m^2}$$

A partir de la teoría de mecánica de la fractura se obtiene:

$$K = \alpha\sigma\sqrt{a\pi}$$

Para este caso: α=1; 2a= 10mm y σ=140 MPa, por lo tanto el factor de intensidad de esfuerzos da:

$$K = 140e6\sqrt{0.005 \times \pi} = 17.54\, MPa\sqrt{m}$$

$$G = \frac{K^2}{E}(1 - v^2)$$

$$G = \frac{(17.54e6)^2}{207e9}(1 - 0.3^2) = 1353.46\, {}^{J}/_{m^2}$$

La diferencia porcentual para los valores de intensidad de esfuerzos y rapidez de liberación de energía resulta:

$$e_K = \left(1 - \frac{17.54}{17.74}\right) * 100\% = 1.12\%$$

$$e_G = \left(1 - \frac{1353.46}{1398}\right) * 100\% = 3.18\%$$

De acuerdo con las diferencias, se infiere que los resultados de la simulación realizada y por ende la discretización del modelo se hizo de forma adecuada. Estos procedimientos se realizaron con la finalidad de comprender el proceso de simulación de la fractura en el software ABAQUS ®, mediante la simulación de dos de los problemas básicos en el estudio de la Mecánica de la Fractura.

4.2 Simulación Numérica por Elemento Finito del engrane.

Se realizaron simulaciones de un engrane que contiene una grieta en la raíz de uno de sus dientes, con la finalidad de estudiar el comportamiento de los SIF's en el engrane cuando en este actúa una carga puntual. La simulación se hizo el software ABAQUS utilizando el MEF como método de análisis. El modelo considerado se tomo de [44], ya que se considera que es una pauta para el inicio del estudio de esta tesis. En el artículo se enuncian las siguientes características del modelo del engrane:

Número de Dientes:	28
Módulo:	3.175 mm
Diámetro de paso:	88.9 mm
Ángulo de presión:	20°
E=	$207kN/mm^2$
ν=	0.3
ρ=	$7.85e\text{-}6\ N/mm^3$

Con las especificaciones anteriores se obtuvo un modelo del engrane en el software ABAQUS el cual se muestra en la figura 4.2.1:

Figura 4.2.1. Engrane considerado para el análisis.

El modelo discreto se realizó en el software ABAQUS con el propósito de obtener los SIF's a los que está sometido a causa de la grieta en la raíz del diente. El engrane se muestra en la figura 4.2.2. Solo se ha dibujado el engrane con un diente, esto para reducir el número de elementos y por ende ahorrar el tiempo de computo. La fuerza aplicada F= 100 N con un ángulo de 20° con respecto a la horizontal.

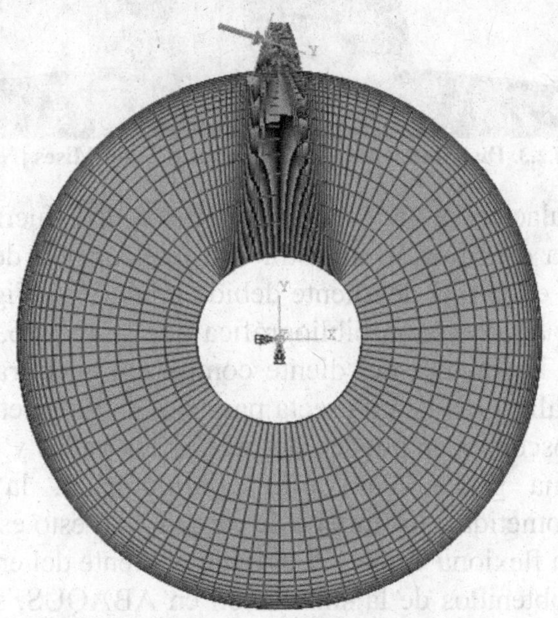

Figura 4.2.2. Modelo discreto del engrane.

Al realizar la simulación en ABAQUS, se obtuvo la siguiente distribución de esfuerzos en la vecindad de la punta de la grieta:

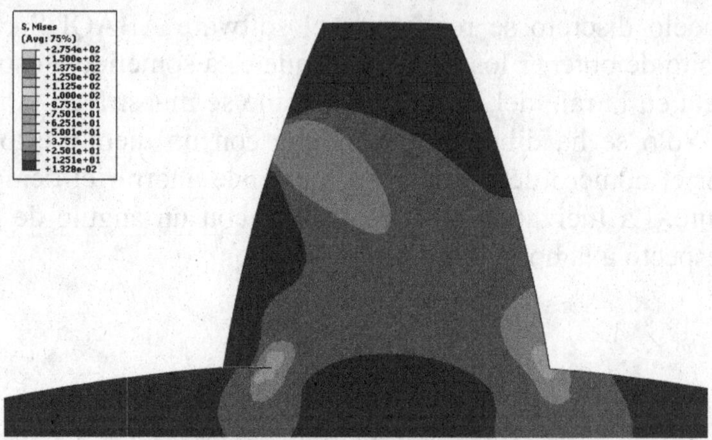

Figura 4.2.3. Distribución de los esfuerzos de Von Mises [N/mm^2].

Con la simulación se obtiene la distribución de esfuerzos de Von Mises, en la distribución muestra una interrupción de las líneas de esfuerzo en la raíz del diente debido a la grieta (Figura 4.2.3). De acuerdo a la revisión bibliográfica que se realizó, las grietas que causan la fractura del diente comienzan en la raíz [40], se toma la idealización de una recta para simular la grieta, ya que a nivel macroscópico se pueden despreciar los valles y crestas que presenta una grieta. Para esta configuración, la grieta se encuentra sometida a los modos de carga I y II; esto es a causa de que la carga flexiona y a la vez empuja el diente del engrane. Los resultados obtenidos de la simulación en ABAQUS, se obtienen directamente por la evaluación directa de la integral de contorno [74] para el factor de intensidad de esfuerzos y la rapidez de liberación de energía; se compararon con la teoría de mecánica de la fractura, obteniendo los siguientes resultados:

$$K_{I_{ABAQUS}} = 68.62 \ {}^{N}\!/_{mm^2} \sqrt{mm}$$

$$K_{II_{ABAQUS}} = 22.13 \ {}^{N}\!/_{mm^2} \sqrt{mm}$$

$$G_{ABAQUS} = 0.0256 \ {}^{N}\!/_{mm}$$

Los valores teóricos se calcularon como sigue; de la figura 4.2.2 se tiene que $F_n = 100\ N$, por tanto:

$$F_t = 100\ Cos20° = \ 93.9693\ N$$

$$F_r = 100\ Sen\ 20° = 34.2020\ N$$

A partir del modelo del engrane se obtiene el ancho de la base del diente *t* y la distancia *l*:

$$t = 6.805\ mm, \quad l = 3.6734\ mm$$

El esfuerzo flexionante en la sección donde se encuentra la grieta es [75]:

$$\sigma_f = \frac{6F_t l}{bt^2} = \frac{6(93.9693)(3.6734)}{(6.805)^2} = 44.7249\ {}^{N}/_{mm^2}$$

El esfuerzo normal en la misma sección es [75]:

$$\sigma_n = \frac{F_r}{bt} = \frac{34.202}{6.805} = 5.026\ {}^{N}/_{mm^2}$$

El factor de intensidad de esfuerzos a causa de la flexión con un tamaño de grieta a= 1 *mm* y α=*1* es:

$$K_{I_f} = \sigma_f\sqrt{\pi a} = 44.7249\sqrt{\pi} = 79.2728\ {}^{N}/_{mm^2}\ \sqrt{mm}$$

El factor de intensidad de esfuerzos a causa del esfuerzo normal de compresión es:

$$K_{I_n} = \sigma_n\sqrt{\pi a} = 5.026\sqrt{\pi} = 8.9084\ {}^{N}/_{mm^2}\ \sqrt{mm}$$

Como es un esfuerzo de compresión, el valor del factor de intensidad de esfuerzos es negativo, por tanto el factor de intensidad de esfuerzos total será de:

$$K_I = K_{I_f} - K_{I_n} = 79.2728 - 8.9084 = 70.3644 \ {}^{N}/_{mm^2} \sqrt{mm}$$

El factor de intensidad de esfuerzos en el modo dos viene dado por:

$$K_{II} = \tau\sqrt{\pi a}$$

Donde

$$\tau = \frac{93.9693}{6.805} = 13.808 \ {}^{N}/_{mm^2}$$

$$K_{II} = 13.808\sqrt{\pi} = 24.4756 \ {}^{N}/_{mm^2} \sqrt{mm}$$

La rapidez de liberación de energía viene dada por [62]:

$$G = \left[\frac{K_I^2}{E} + \frac{K_{II}^2}{E}\right](1 - v^2)$$

Por tanto:

$$G = \left[\frac{(70.3644)^2}{207000} + \frac{(24.4756)^2}{207000}\right](1 - 0.3^2) = 0.02439 \ {}^{N}/_{mm}$$

Las diferencias porcentuales dieron los siguientes resultados:

$$e_{K_I} = \left(1 - \frac{68.62}{70.3644}\right) * 100\% = 2.48\ \%$$

$$e_{K_{II}} = \left(1 - \frac{23.13}{24.4756}\right) * 100\% = 5.5\ \%$$

$$e_G = \left(1 - \frac{0.0256}{0.02439}\right) * 100\% = 4.9\ \%$$

La comparación de los valores obtenidos en ABAQUS con los resultados teóricos tiene el fin de asegurar que los valores obtenidos en el software se aproximen a los valores esperados del factor de intensidad de esfuerzos. Con esto se concluye que la simulación de este modelo se hizo de forma adecuada y que el modelo discreto puede representar el fenómeno de fractura que se estudia.

4.3 Modelo Discreto en X-FEM del engrane.

Utilizando el paquete computacional de elemento finito ABAQUS ®, se realiza un modelo discreto de un engrane mediante elementos tipo ladrillo con X-FEM. Se realiza mediante una etapa con movimiento. Las condiciones de frontera que se establecen son para el piñón (figura 4.3.2), un nodo de referencia ligado a los nodos de la parte interior del engrane en el cual se restringen los desplazamientos en *X*, *Y* y *Z*, se restringen los giros en el eje *X* y *Y*. En el eje *Z* se aplica una condición de movimiento angular de 0.0174533 radianes, se considera esta cantidad porque realmente el cambio en la energía del sistema no requiere una cantidad de movimiento considerable, ya que la tasa de liberación de energía se puede medir con incrementos infinitesimales en el tamaño de la grieta. Las condiciones se muestran en las figuras 4.3.1 y 4.3.2

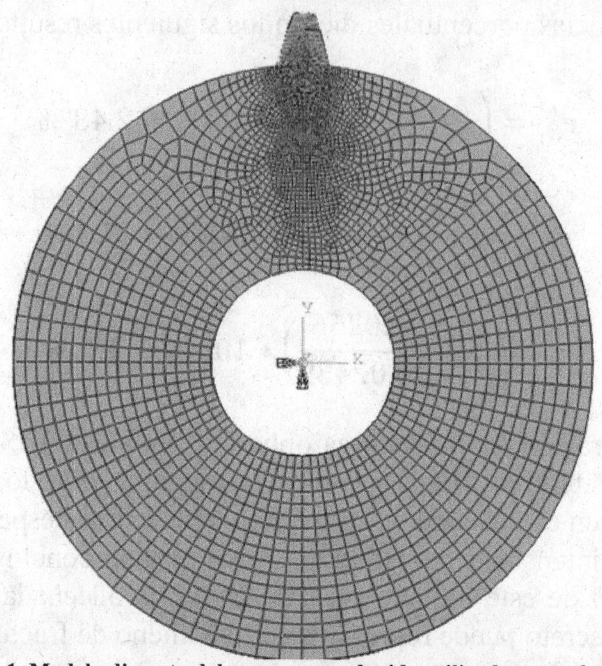

Figura 4.3.1. Modelo discreto del engrane conducida utilizado para el análisis con XFEM con condiciones de frontera (ENCASTRE) en el nodo de referencia.

En el modelo discreto, sólo se representa el diente de interés, esto se realiza con la finalidad de disminuir el costo computacional. En la figura 4.3.1.se aprecia una mallado fino ya que es el diente en el cual está contenida la grieta y por lo tanto es donde interesa medir el cambio en los esfuerzos. De la misma manera, se simula el contacto entre los dientes del engrane, mediante el modelo discreto de una parte del piñón, el cual se ilustra en la figura 4.3.2. Se aprecia un mallado grueso, ya que el piñón no es el elemento a estudiar, se requiere la geometría con la definición del diente de engrane para realizar la interacción entre dientes:

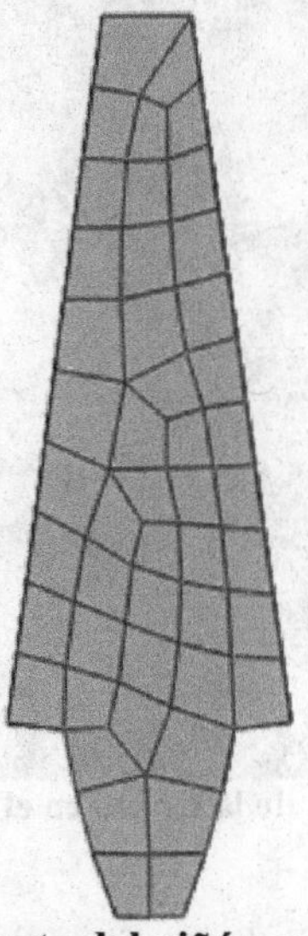

Figura 4.3.2. Modelo discreto del piñón con condiciones de frontera restringiendo el nodo de referencia en X y Y permitiendo un giro en Z.

La inserción de la grieta en el diente del engrane, se realiza mediante un elemento tipo Shell, ya que el proceso de simulación de ABAQUS ® para grietas mediante XFEM en sólidos así lo requiere por ser un elemento que se puede aproximar a un espesor igual a cero. Se establece que la grieta tiene una longitud de 1 mm y dirección de acuerdo a [44], medido a partir del perfil del diente, tal y como se muestra en la figura 4.3.4:

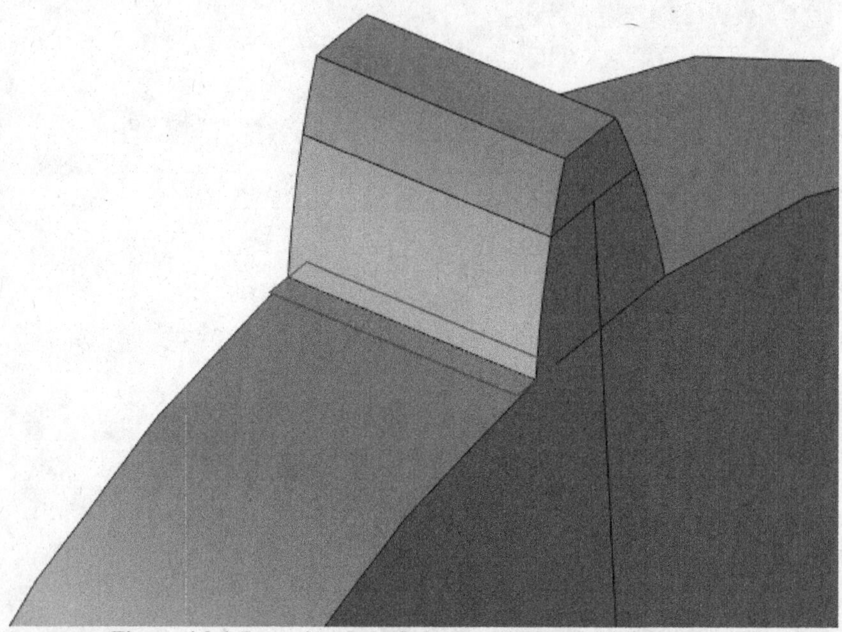

Figura 4.3.4. Inserción de la Grieta en el Diente del Engrane.

Se ensamblan los modelos como se muestra en la figura 4.3.5, con la finalidad de simular el contacto entre dientes y obtener el movimiento para generar la fricción en las caras de los dientes de los engranes. El número de elementos se obtuvo a partir de las simulaciones con carga puntual, mediante las diferencias porcentuales se concluye que el número de elementos en el conducido es el adecuado para obtener resultados

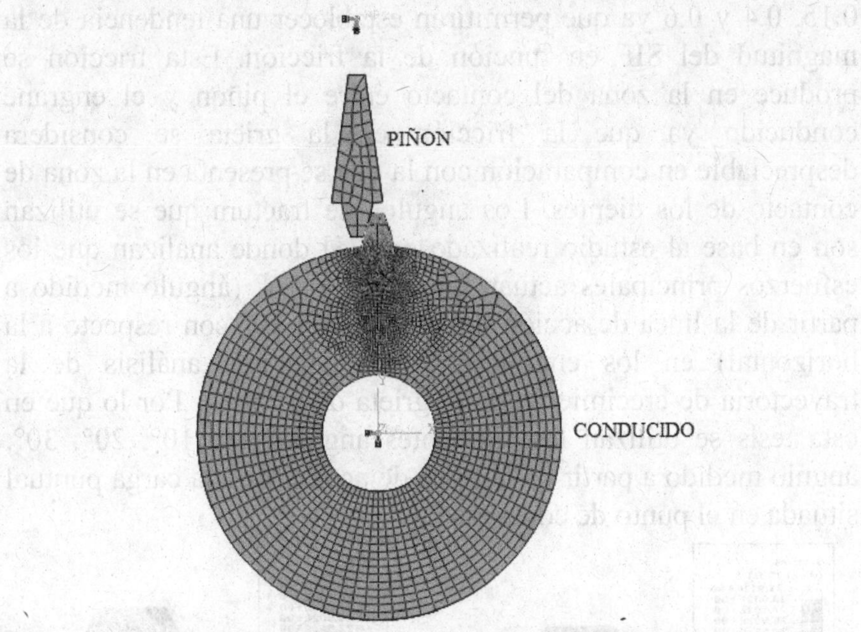

Figura 4.3.3. Ensamble de los modelos discretos.

4.3 Resultados de X-FEM.

Se realizan cuatro series de simulaciones en las cuales se analiza el factor de intensidad de esfuerzos en función de la fricción existente en el contacto diente-diente esto hace en referencia a un estudio donde se cambia el ángulo en el que la grieta se encuentra en un tubo sometido a compresión. Este trabajo analiza el comportamiento del SIF en función del ángulo de la grieta y del coeficiente de fricción [74]; por lo que, de esta referencia se toma la idea para este estudio. Se realiza el estudio para la posición del piñón mostrada en la figura 4.3.3 y se simula el movimiento de éste en 0.0174533 radianes con transición suave (sin golpeteo en los dientes) y para la misma posición de contacto se realiza un cambio en la inclinación de la grieta para estudiar el comportamiento del engrane.

Para la simulación, se varía el coeficiente de fricción μ desde 0, 0.15, 0.4 y 0.6 ya que permitirán establecer una tendencia de la magnitud del SIF en función de la fricción. Esta fricción se produce en la zona del contacto entre el piñón y el engrane conducido ya que la fricción en la grieta se considera despreciable en comparación con la que se presenta en la zona de contacto de los dientes. Los ángulos de fractura que se utilizan son en base al estudio realizado en [75] donde analizan que los esfuerzos principales actúan entre 10° y 16° (ángulo medido a partir de la línea de acción de una carga a 20° con respecto a la horizontal) en los engranes, y realizan una análisis de la trayectoria de crecimiento de la grieta de 0° a 90|. Por lo que en esta tesis se utilizan los siguientes angulos: 0°, 10°, 20°, 30°, ángulo medido a partir de la línea de acción de una carga puntual situada en el punto de contacto

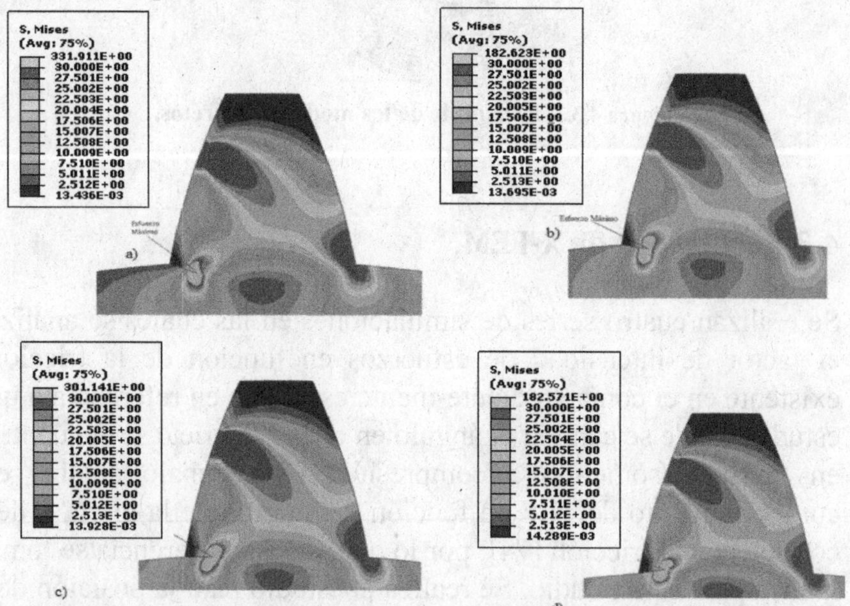

Figura 4.3.1.1. Distribución de Esfuerzos de Von Mises [N/mm^2] para el Engrane conducido en vista frontal (cara z): a) 0°, b) 10°, c) 20°, d) 30°.

Como se aprecia en la figura 4.3.1.1 a), la grieta en el diente del engrane conducido se encuentra a un ángulo de 0°, en el instante en el que el piñón se mueve hacia la derecha, realiza el contacto con el diente del conducido. La dirección de la fuerza que empuja al diente del conducido provoca un modo de carga combinado en la punta de la grieta.

De acuerdo a la literatura [76], los engranes presentan fricción deslizante y rodante la cuales se mencionaron en el capítulo 3, la fricción provocada por el contacto diente-diente, causa un decremento en la magnitud de los SIF's; se considera que esto es a causa de que la energía disponible para el crecimiento de la grieta, es disipada por la fricción en forma de calor. Esto es congruente con el trabajo presentado por Hammouda [77] quien analizó una placa, con una grieta central, cargada a compresión uniaxial, en la que varió en ángulo de inclinación de la grieta entre cero y 75° medido a partir de la horizontal. Determinó que el factor de intensidad de esfuerzos decrece con el incremento de coeficiente de fricción.

La simulación en todos los casos se realizó para dos tamaños de grieta, esto para verificar que los resultados obtenidos no fueran una particularidad del tamaño de grieta seleccionado. La variación de los SIF's en función del coeficiente de fricción, para el caso de la figura 4.3.1.1 a), está dada en las figuras 4.3.1.2, para el SIF K_I, y 4.3.1.3 para el SIF K_{II}; tal como se presentó en la teoría, el KI es mayor que K_{II} a causa de la condición de flexión que se produce por el contacto diente-diente.

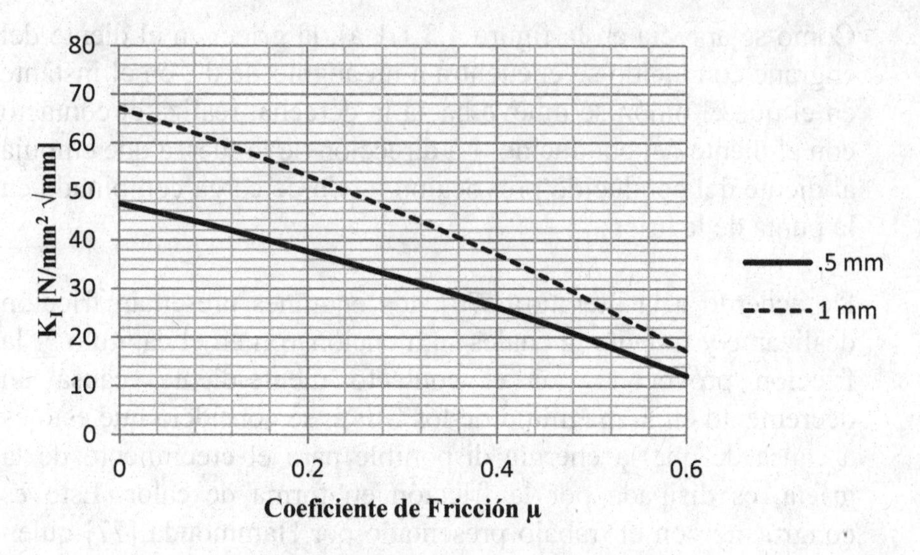

Figura 4.3.1.2. SIF's en Modo I contra Coeficiente de Fricción para Angulo de Grieta de 0°.

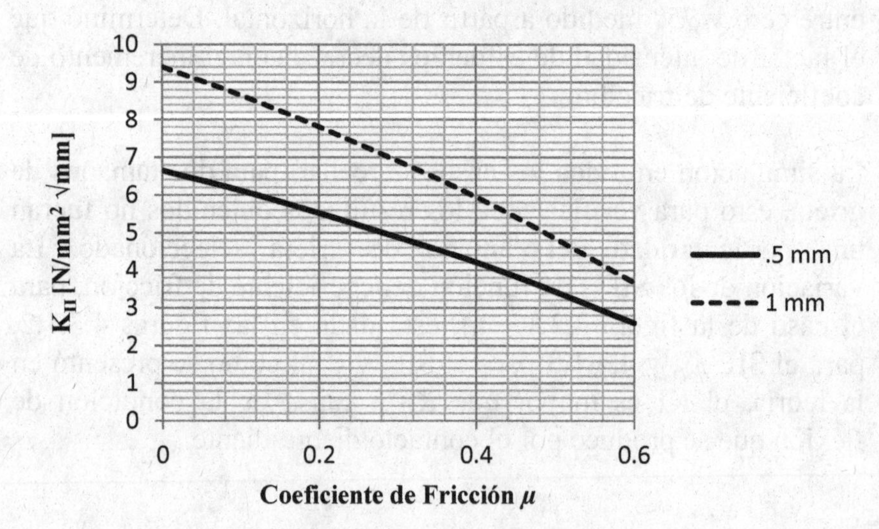

Figura 4.3.1.3. SIF's en Modo II contra Coeficiente de Fricción para Angulo de Grieta de 0°.

En el caso de la grieta con ángulo de inclinación de 10° (Figura 4.3.1.1 b), nuevamente el diente del engrane conducido se somete a esfuerzos a causa del movimiento del piñón, cabe hacer mención que las condiciones de frontera son las mismas en cada simulación, solo se varía la posición de la grieta y el coeficiente de fricción. En esta simulación, los SIF's presentan las mismas tendencias que en las condiciones anteriores, con una reducción en la magnitud del 12.7% en el caso del K_I y del 15.6% para K_{II}; esta reducción de la magnitud de los SIF's se atribuye al cambio de inclinación de la grieta.

Las tendencias de los SIF's para esta configuración, vienen ilustradas en las figuras 4.3.1.4 para K_I y 4.3.1.5 para K_{II} en donde se aprecia que las líneas se cruzan, esto se debe a que el incremento en el coeficiente de fricción provoca que el deslizamiento relativo de las superficies de la grieta cambie de dirección.

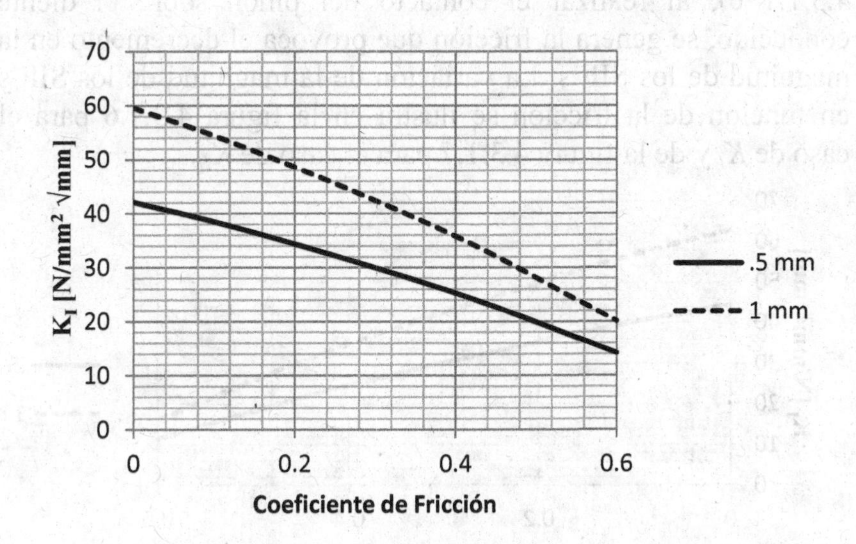

Figura 4.3.1.4. SIF's en Modo I contra Coeficiente de Fricción para Angulo de Grieta de 10°.

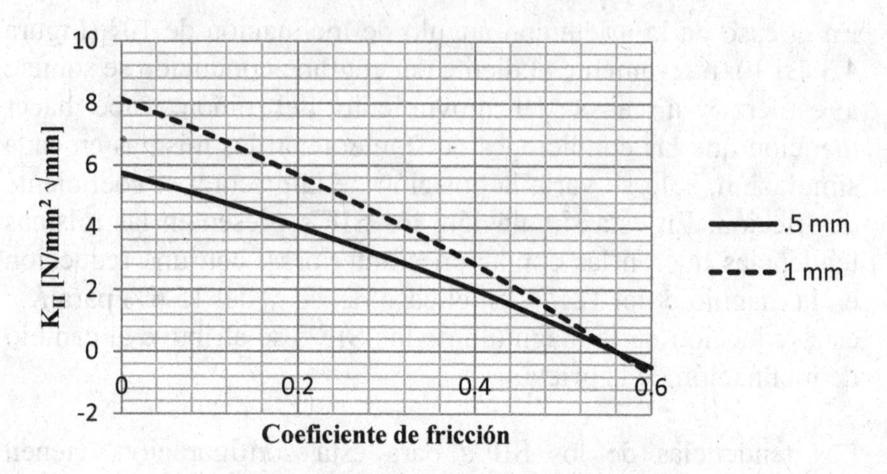

Figura 4.3.1.5. SIF's en Modo II contra Coeficiente de Fricción para Angulo de Grieta de 10°.

Con la finalidad de estudiar el comportamiento de los SIF's con fricción, se analiza el engrane con ángulo de grieta de 20° (figura 4.3.1.1 c), al realizar el contacto del piñón sobre el diente conducido, se genera la fricción que provoca el decremento en la magnitud de los SIF's. La variación de la magnitud de los SIF's en función de la fricción se ilustra en la figura 4.3.1.6 para el caso de K_I y de la figura 4.3.1.7 para el caso de K_{II}.

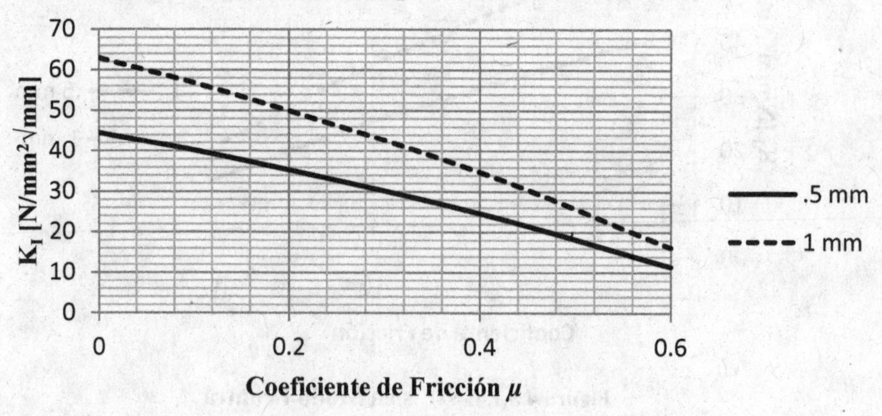

Figura 4.3.1.6. SIF's en Modo I contra Coeficiente de Fricción para Angulo de Grieta de 20°.

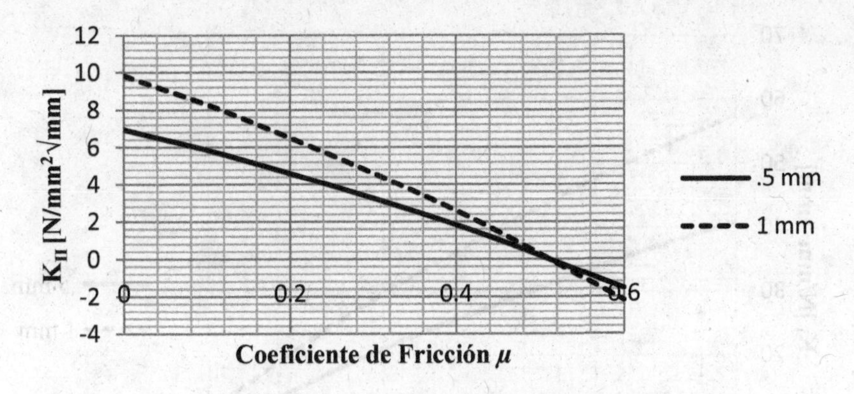

Figura 4.3.1.7. SIF's en Modo II contra Coeficiente de Fricción para Angulo de Grieta de 20°.

Con base en las simulaciones realizadas, se observa que para este caso de ángulo de inclinación de 20°, el factor de intensidad KI presenta un aumento del 5.5% con respecto a la inclinación anterior. Esto se debe a que la inclinación provoca un cambio en las magnitudes de las componentes del esfuerzo que actúa en la punta de la grieta.

En el caso de K_{II}, el incremento en el valor de su magnitud del 20% respecto del caso anterior, a causa de que la inclinación de la grieta permite el libre deslizamiento relativo de las superficies de la grieta sin resistencia alguna, de la misma forma se aprecia un crece en las curvas, esto a causa del cambio de la dirección del movimiento relativo de las superficies de la grieta debido al incremento en la fricción.

El último caso presentado es el de inclinación de 30° (figura 4.3.1.1d), en la que nuevamente se somete el diente del engrane conducido a esfuerzo mediante la acción del piñón, generando fricción entre los dientes, lo que se traduce en una reducción de la magnitud de los SIF's.

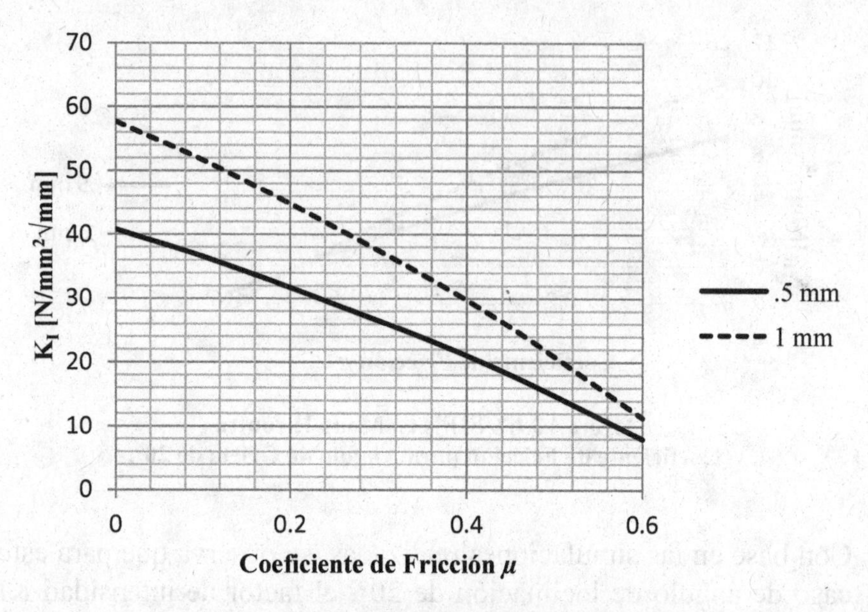

Figura 4.3.1.8. SIF's en Modo I contra Coeficiente de Fricción para Angulo de Grieta de 30°.

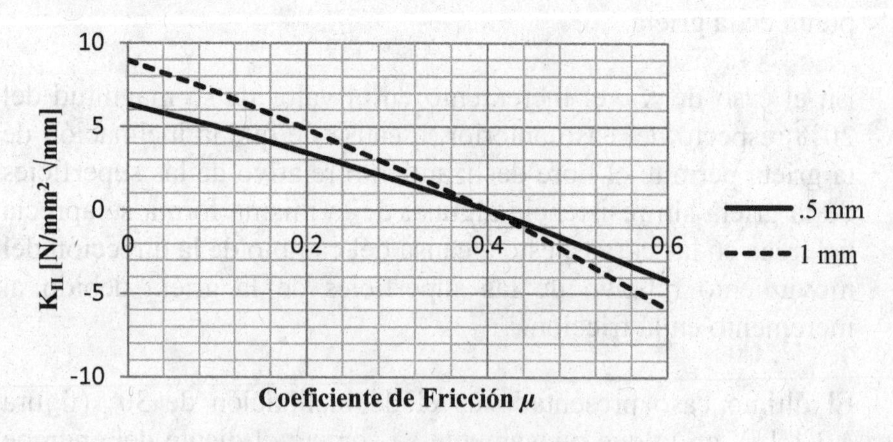

Figura 4.3.1.9. SIF's en Modo II contra Coeficiente de Fricción para Angulo de Grieta de 30°.

En la figura 4.3.1.8 se muestra la tendencia de K_I a disminuir conforme aumenta el coeficiente de fricción. En relación con la simulación anterior, este SIF presenta una reducción en su magnitud del 8%; se infiere que es a causa de la inclinación de la grieta ya que en la posición en que se encuentra la grieta y el modo en que está cargada, no permite la apertura a modo.

En el caso de K_{II}, el cambio en el sentido del movimiento relativo de las superficies de la grieta se presenta a menor valor del coeficiente de fricción, se infiere que es a causa de la posición en que se encuentra la grieta, ya que la posición de la punta a 30° no permite el deslizamiento relativo de las superficies de la grieta, lo que se traduce en una disminución del 8% con respecto a la simulación anterior.

Los resultados obtenidos son aplicables para el estudio de propagación de las grietas en engranes, ya que la mecánica de la fractura parte de que todos los cuerpos se encuentran fracturados y no existen estudios enfocados a la iniciación de la grieta.

4.4 Ajuste de curva

Para describir el comportamiento del sistema mediante ecuaciones polinomiales y poder estimar los SIF's con fricción, se realiza el ajuste de curvas mediante el método de segmentarias cubicas, el cual se presenta a continuación:

El objetivo en las segmentarias cúbicas es obtener un polinomio de tercer orden para cada intervalo entre nodos como en [78]:

$$f_i(x) = a_1x^3 + b_1x^2 + c_ix + d_i \quad (4.4.1)$$

Así, para n+1 datos *(i=0, 1, 2,..., n)*, existen n intervalos y, por consiguiente 4n incógnitas constantes para evaluar. Las condiciones son:

1. Los valores de la función deben ser iguales en los nodos interiores.

2. La primera y última funciones deben pasar a través de los puntos extremos.
3. Las primeras derivadas en los nodos interiores deben ser iguales.
4. Las segundas derivadas en los nodos interiores deben ser iguales.
5. Las segundas derivadas en los extremos son cero.

El primer paso en la derivación se basa en la observación de cómo cada par de nodos se conecta por una cúbica, la segunda derivada dentro de cada intervalo es una línea recta. La segunda derivada se puede representar con una interpolación polinomial de Lagrange de primer orden:

$$f_i''(x) = f_i''(x_{i-1})\frac{x - x_i}{x_{i-1} - x_i} + f_i''(x_i)\frac{x - x_{i-1}}{x_i - x_{i-1}} \qquad (4.4.2)$$

Donde$f''(x)$ es el valor de la segunda derivada en cualquier punto x dentro del i-ésimo intervalo. Así esta ecuación es una línea recta que conecta la segunda derivada en el primer nodo $f''(x_{i-1})$ con la segunda derivada en el segundo nodo $f''(x_i)$.

La ecuación 4.4.2 se puede integrar dos veces para obtener una expresión para $f_i(x)$. Sin embargo, esta expresión contendrá dos constantes desconocidas en la ecuación. Esas constantes se pueden evaluar mediante las condiciones de igualdad. Al realizar estas evaluaciones, resulta la siguiente ecuación cúbica:

$$f_i(x) = \frac{f_i''(x_i - 1)}{6(x_i - x_{i-1})}(x_i - x)^3 + \frac{f_i''(x_i)}{6(x_i - x_{i-1})}(x - x_{i-1})^3$$

$$+\left[\frac{f(x_{i-1})}{(x_i - x_{i-1})} - \frac{f_i''(x_{i-1})(x_i - x_{i-1})}{6}\right](x_i - x) \qquad (4.4.3)$$

$$+\left[\frac{f(x_i)}{(x_i - x_{i-1})} - \frac{f_i''(x_i)(x_i - x_{i-1})}{6}\right](x - x_{i-1})$$

La ecuación 4.4.3 puede diferenciarse con el fin de dar una expresión para la primera derivada, lo que resulta en la siguiente relación:

$$(x_i - x_{i-1})f''(x_{i-1}) + 2(x_{i+1} - x_{i-1})f''(x_i) + (x_{i+1} - x_i)f''(x_{i+1}) \tag{4.4.4}$$
$$= \frac{6}{x_{i+1} - x_i}[f(x_{i+1}) - f(x_i)] + \frac{6}{x_i - x_{i-1}}[f(x_{i-1}) - f(x_i)]$$

Tomándose en cuenta la teoría anterior, se realiza mediante el software MATLAB 7.12® un algoritmo que calcula las ecuaciones cúbicas para cada intervalo y las grafica el algoritmo se presenta en el apéndice E.

Con base a la figura 4.3.1.3 se obtienen los siguientes vectores [x]= [0, 0.15, 0.4, 0.6] y un vector [f(x)]= [9.398, 8.243, 5.949, 3.673], los cuales se introducen el algoritmo para obtener las ecuaciones que describen el comportamiento del sistema

Las ecuaciones para los intervalos son:

Intervalo $0 \le x \le 0.15$, se utiliza la siguiente ecuación:

$$y_1 = -\frac{2616411356097807}{140737488355328}x^3 - \frac{19215176340446693}{2638827906662400}x + 9.398$$

Para el intervalo $0.15 \le x \le 0.4$, se presenta la ecuación siguiente:

$$y_2 = \frac{392461703414671}{3518437088832}\left(x - \frac{2}{5}\right)^3 - \frac{747881724460715}{70368744177664}x +$$

$$+\frac{1699853278708349}{140737488355328}\left(x - \frac{3}{20}\right)^3 + \frac{5635969961258401}{562949953421312}$$

Para el intervalo $0.4 \leq x \leq 0.6$ se obtiene:

$$y_3 = -\frac{63184}{4185}\left(x-\frac{3}{5}\right)^3 - \frac{3715856163692837}{35184372088832}\left(x-\frac{2}{5}\right)^3 - \frac{1844125934714723}{281474976710656}x + \frac{2378147944763415}{281474976710656}$$

El método de las segmentarias cubicas puede ser empleado para estimar los valores de los SIF's a partir de curvas obtenidas de las simulaciones de X-FEM, el empleo de este método simplifica la estimación de los SIF's mediante la obtención de ecuaciones las cuales representan el comportamiento del sistema sin necesidad de realizar simulaciones a través FEM o X-FEM para valores intermedios. La ecuaciones anteriores, representan el comportamiento de los SIF's en función del coeficiente de fricción, para el ejemplo ilustrado las ecuaciones representan el comportamiento de K_{II} en ángulo de 0. Se concluye que este método es el más apto para realizar un ajuste polinomial ya que una ecuación de más alto orden resultaría impráctico.

Capítulo 5 Conclusiones y Recomendaciones

Un diseño efectivo de engranes balancea fuerza, durabilidad, confiabilidad, peso y costo, sin embargo fallas inesperadas en los engranes pueden ocurrir incluso con el diseño adecuado de los dientes. Este trabajo está enfocado para el estudio del comportamiento de los SIF's en los engranes, tomando en cuenta la fricción causada por el funcionamiento del mismo sistema y por ende en base a los resultados y propiedades de los materiales determinar si existe o no propagación de la grieta.

Se realizaron simulaciones de un engrane que tiene una grieta en la raíz de uno de sus dientes y el cual está en contacto con un piñón. En las simulaciones, el piñón se giró un ángulo de 0.0174533 radianes para que produjera la fricción en las caras del contacto entre el piñón y el engrane conducido. Se realizó el análisis con diferentes valores del coeficiente de fricción μ los cuales se tomaron de acuerdo con la literatura encontrada, con la finalidad de estimar el comportamiento de los SIF's en el modo I y II.

En las simulaciones numéricas se utilizó el software de elemento finito ABAQUS®. Los resultados obtenidos mostraron que los valores de la magnitud de los SIF's están en función de la fricción existente en la superficie de los dientes en contacto y del ángulo de orientación de la grieta. A partir de esta observación, se concluye que al aumentar la fricción en las superficies de los dientes de los engranes, el valor de la magnitud de los SIF's disminuye, esto a causa de que la energía necesaria para crear una superficie (extensión de grieta) es disipada en forma de calor por la fricción existente en las superficies en contacto de los dientes de los engranes.

Se concluye que el ángulo de inclinación de grieta influye sobre los SIF's ya que dependiendo de la inclinación, permite el libre desplazamiento o la apertura de las superficies de la grieta, lo que se traduce en el cambio de la magnitud de los SIF's.

El método de segmentarias cúbicas presenta una alternativa para el ajuste de las curvas de comportamiento, ya que proporciona una serie de ecuaciones en intervalos dados las cuales describen el funcionamiento del sistema y se pueden emplear para encontrar cualquier valor de K para un valor x ya sea de μ o del ángulo de grieta.

5.1 Trabajos Futuros

Con el propósito de continuar con los resultados generados de este trabajo, se proponen los siguientes trabajos futuros:

- Aplicar el análisis a un sistema con fricción que incluya el contacto en las caras de la grieta. La que permite observar la influencia de la fricción sobre los SIF's cuando la fricción se encuentra cerca de la punta de la grieta.

- Investigar el comportamiento de los SIF's en sistemas mecánicos donde la fricción sea causa de una generación de calor que no sea despreciable, tal como los discos de freno o los cojinetes de deslizamiento.

REFERENCIAS

[1] ORTÚZAR M. RAÚL. 1999. Congreso Panamericano de Ingeniería Naval, Transporte Marítimo e Ingeniería Portuaria, ("XVI, 1999, Cartagena de Indias, Colombia). "Mecánica de fractura en estructuras navales". COPINAVAL'99. Octubre.

[2] KANNINEM, M. F., POPELAR C. H. 1985. "Advanced Fracture Mechanics", Oxford University Press.

[3] MURAKAMI S, HAMADA S. 1997, "A new method for the measurement of mode II fatigue threshold stress intensity factor range". Kth. Fatigue Fract Engng Mater Struct; 20:8, 63–70.

[4] ANDERSON A. 1995. "Fracture Mechanics: Foundations and Applications", New York: CRC.

[5] GRIFFITH.A. A. 1920. "The Phenomenon of Rupture and Flow in Solids", Phil. Trans. Royal Society, London, A, Vol. 221, pp. 163-198.

[6] IRWIN. 1957. "Analysis of Stresses and Strains Near the end of a Crack Traversing a Plate", J. Appl. Mech. Trans ASME, vol. 24, pp. 361-364.

[7] CHEREPANOV. 1967. "On Crack Propagation in Continuum", Prikl. Math. Mekh., vol. 31, no. 3, pp. 476-493.

[8] RICE. 1968. "A Path Independent Integral and the Approximate Analysis of Strain" Concentration by Notches and Cracks, J. Appl. Mech., vol. 35, pp. 379-386.

[9] ESHELBY. 1951 On the Force on an Elastic Singularity, Proc. Royal Society, A., vol.244, pp. 87-112.

[10] LABEAS GEORGE N. & DIAMANTAKOS IOANNIS D. "Calculation of Stress Intensity Factors of Cracked T-joints Considering Laser Beam Welding Residual Stresses". First International Conference on Damage Tolerance of Aircraft Structures.

[11] BALDERRAMA Y OTROS. 2004 "Aplicación de la integral j de dominio al análisis tridimensional de grietas en sólidos termoelásticos". Mecánica Computacional. G. Buscaglia, E. Dari, O. Zamonsky eds. Bariloche, Argentina, November.

[12] PIRONDI A. 1994. "J-Integral Evaluation in Mixed-Mode I/II Compact Tension Shear (CTS) Specimens". Dept. of Industrial Engineering Viale Delle Scienze I-43100 Parma, Italy.

[13] DE MATOS F.P. "Stress Intensity Factor Determination Using the Finite Element Method". Departamento de Engenharia Mecânica e Gestão Industrial, Faculdade de Engenharia da Universidade do Porto, Rua Dr. Roberto Frias, 4250-465 Porto, Portugal.

[14] NGO HUONG NHU & NGUYEN TRUONG GIANG. 2006. "Calculation of Fracture Mechanic Parameters via FEM For Some Cracked Plates under Different Loads". Vietnam Journal of Mechanics. VAST, Vol. 28, No. 2 , pp. 83 – 93.

[15] MOREIRA. 2004. "Finite Elements in Fracture Mechanics: 3d Applications". MÉTODOS COMPUTACIONAIS EM ENGENHARIA. Portugal.

[16] FETT THEO. 1999. "Mixed-mode Stress Intensity Factors for Partially Opened Cracks".Forschungszentrum Karlsruhe, Institut für Materialforschung II, Postfach 3640, D-76021 Karlsruhe, Germany

[17] GUO Y. & NAIRN J. A. 2004. "Calculation of J-Integral and Stress Intensity Factors using the Material Point Method". Material Science and Engineering, University of Utah, Salt Lake City, Utah 84112, USA.

[18] BALLARINI ROBERTO. 1987. "The Effects of Crack Surface Friction and Roughness on Crack Tip Stress Fields". NASA Technical Memorandum 88976 ICOMP-87- 1. February.

[19] CHOCRON. 2001. "Medida de la velocidad de propagación de grietas en silicio monocristalino". ANALES DE MECÁNICA DE LA FRACTURA, Vol. 18.

[20] FUENMAYOR F. J. 2001. "Problemas de contacto completo con deslizamiento mediante una integral de contorno independiente del camino". Departamento de Ingeniería Mecánica y de Materiales Universidad Politécnica de Valencia. España.

[21] KO P. L. 2001. "Finite element modeling of crack growth and wear particle formation in sliding contact". Wear 251. 1265–1278. U.S.A.

[22] KIMURA T. 2003. "Simplified method to determine contact stress distribution and stress intensity factors in fretting fatigue" International Journal of Fatigue 25. 633–640. U.S.A.

[23] SAXENA. 2004. "Elastic-plastic fracture mechanics based prediction of crack initiation load in through-wall cracked pipes". Engineering Structures 26. 1165–1172. U.S.A.

[24] BLIGARI F. R. 2006. "Finite Element Simulation of Dynamic Crack Propagation
Without Remeshing". Journal of ASTM International, Vol. 3, No. 7.

[25] ZHU Z. 2006. "Stress intensity factor for a cracked specimen under compression". Engineering Fracture Mechanics 73. 482–489. U.S.A.

[26] BARRIOS D. 2006. "Determinación del factor de intensidad de tensiones aplicando el método de los elementos discretos". Universidad Nacional del Nordeste. Argentina.

[27] SUKUMAR N. 2007. "Three-Dimensional Non-Planar Crack Growth by a Coupled Extended Finite Element and Fast Marching Method". Int. J. Numer. Meth. Engng; 00:1-39

[28] GINER E. 2007. "Mejora en la extracción del factor de intensidad de tensiones mediante elementos finitos con diferentes integrales de dominio". Anales de la Mecánica de Fractura, Vol 2 (2007)

[29] CANADINC D. 2008. "Analysis of surface crack growth under rolling contact fatigue". International Journal of Fatigue 30 (2008) 1678–1689. U.S.A.

[30] DHAR S. 2008. "Determination of critical fracture energy, Gfr, from crack tip stretch". International Journal of Pressure Vessels and Piping 85. 313–321

[31] WNUK MP.1981, "Sedmak S. Final stretch model of ductile fracture. Fract Mech" ASTM;743:236–49.

[32] SOUIYAH 2009. "Finite Element Analysis of the Crack Propagation for Solid Materials". American Journal of Applied Sciences 6 (7): 1396-1402.

[33] GINER E. 2011. "Determinación experimental de la vida de fretting fatiga en ensayos de contacto completo y correlación numérica mediante X-FEM". Anales de Mecánica de la Fractura 28, Vol. 1

[34] MCDIARMID DL. 1991. “A general criterion for high cycle multiaxial fatigue failure”. Fatigue Fract Engng Mater Struct 14, 429–453.

[35] FORTINO S. 2012. “A simple approach for FEM simulation of Mode I cohesive crack growth in glued laminated timber under short-term loading”. Journal of Structural Mechanics Vol. 45, No 1, 2012, pp. 1 – 20

[36] GÓMEZ L. M. 1997. “Acero, La ciencia para todos”, Fondo de Cultura Económica. México.

[37] GONZÁLEZ REY. 2002. “El método de elementos finitos como alternativa en el cálculo de engranajes”. Instituto Superior Politécnico *José Antonio Echeverría* (ISPJAE). Ciudad de la Habana, Cuba.

[38] ZAKRAJSEK J. J. 1996. “Detecting gear tooth fatigue cracks in advance of complete fracture”. NASA. Technical Memorandum 107145

[39] BLASARIN ADRIANO. 1996. “Fatigue crack growth prediction in specimens similar to spur gear teeth”. XII Convegno Nazionale Gruppo Italiano Frattura. Italia.

[40] LEWICKI DAVID. 1996. “Effect of Rim Thickness on Gear Crack Propagation Path.” NASA Technical Memorandum 107229. San Diego, California, October 6–9.

[41] WAWRZYNEK PAUL A. 1999 “Three-Dimensional Gear Crack Propagation Studies.” Fourth World Congress on Gearing and Power Transmission sponsored by the Institut des Engrenages et des Transmissions Paris, France, March 16-18.

[42] JELASKA D. 2000. “Numerical Modelling of Gear Tooth Root Fatigue Behaviour.” University of Split. Split, Croatia.

[43] GLODEŽ S. 2000. “A Computational Model for Calculation of Load Capacity of Gears”. University of Maribor, Faculty of Mechanical Engineering, Slovenia

[44] LEWICKI DAVID. 2001. “Gear Crack Propagation Path Studies - Guidelines for Ultra-Safe Design”. 57th Annual Forum and Technology Display sponsored by the American Helicopter Society Washington, DC, May 9–11.

[45] LEWICKI DAVID. 2001. “Effect of speed (centrifugal load) on gear crack propagation direction”. International Conference on Motion and Power Transmissions sponsored by the Japan Society of Mechanical Engineers Fukuoka, Japan, November 15–17.

[46] ASI O. 2006. “Fatigue failure of a helical gear in a gearbox”. Engineering Failure Analysis 13. 1116–1125

[47] ŠRAML M. 2007. “Computational approach to contact fatigue damage initiation analysis of gear teeth flanks”. Int J Adv Manuf Technol 31: 1066–1075.

[48] MOYA RODRÍGUEZ J. L. 2007. “Influencia de la geometría del diente en la resistencia de los engranajes plásticos”. 8° Congreso Iberoamericano de Ingeniería Mecánica. Cusco, Perú.

[49] WU, S., ZUO, M. J., & PAREY, A. 2008. “Simulation of spur gear dynamics and estimation of fault growth”. Journal of Sound and Vibration, 317(3-5), 608–624.

[50] FAJDIGA G. 2009. “Fatigue crack initiation and propagation under cyclic contact loading”. Engineering Fracture Mechanics 76 1320–1335.

[51] ZHIGANG T. 2009. "Crack propagation assessment for spur gears using model-based analysis and simulation" Springer Science+Business Media.

[52] CZECH P. 2010. "Defining the change of meshing rigidity caused by a crack in the gear tooth's foot". International Journal of Engineering, Science and Technology Vol. 2, No. 1, pp. 49-56

[53] PRODUG S. 2011. "Numerical Modelling of Crack Growth in a Gear Tooth Root" Journal of Mechanical Engineering 57, 7-8, 579-586

[54] LEWICKI DAVID. 2011. "Seeding Cracks Using a Fatigue Tester for Accelerated
Gear Tooth Breaking" IMAC XXIX A Conference and Exposition on Structural Dynamics Jacksonville, Florida, January 31 to February 3,

[55] JURENKA J. 2012. "Simulation of Pitting Formation in Gearing". 18th International Conference ENGINEERING MECHANICS 2012Svratka, Czech Republic, pp. 569–578

[56] ŠEVČÍK M. 2012. "Modelling OF Fatigue Failure Of Gears With Thin Rim". 18th International Conference ENGINEERING MECHANICS 2012, Svratka, Czech Republic, pp. 1309–1310.

[57] HATTORI G. 2012. "El método de los elementos finitos extendidos (X-FEM) para medios bidimensionales fisurados totalmente anisótropos". Departamento de Mecánica de los Medios Continuos. Escuela Superior de Ingenieros. Universidad de Sevilla. España.

[58] KUMAR A. 2012. "Spur Gear Crack Propagation Path Analysis Using Finite Element Method". International Multiconference of Engineers and Computer Scientist. Vol II

[59] MOHAMMED O. D. 2012. "Analytical Crack Propagation Scenario for Gear Teeth and Time-Varying Gear Mesh Stiffness". World Academy of Science, Engineering and Technology 68

[60] FRACTURA <http://maestros.its.mx/ventura/TemasInteres/Fractura.pdf>

[61] BUI H. D. 2006. "Fracture Mechanics Inverse Problems and Solutions". Springer.

[62] GONZALEZ V. J. 2004. "Mecánica de Fractura". Segunda Edición. Noriega-Limusa.

[63] SAOUMA V. E: "Lectures Notes in: Fractures Mechanics". Dept. of Civil Environmental and Architectural Engineering University of Colorado, Boulder,

[64] BROEK D. 1984. "Elementary engineering fracture mechanics" Third Edition. Martinus Nijhoff Publishers. Netherland, pp 115.

[65] OLIVEIRA R. 1990. "La versión p del Método de los Elementos Finitos en Mecánica Lineal de Fracturas". Revista Internacional de Métodos Numéricos para Cálculo y Diseño en Ingeniería. Vol. 6, 1, 135-145. Uruguay.

[66] COOK ROBERT. 2002. "Concepts and Applications of Finite Element Analysis". 4th Edition. John Wiley & Sons.

[67] ZIENKIEWICZ O.C. 2000. "The Finite Element Method". 5th Edition. Vol. 1 Butterworth Heinemann.

[68] BELYTSCHKO T, BLACK T.1999. "Elastic crack growth in finite elements with minimal remeshing". International Journal for Numerical Methods in Engineering 1999; 45(5):601-620.

[69]MOËS N, DOLBOW J, BELYTSCHKO T. 1999. "A finite element method for crack growth without remeshing". International Journal for Numerical Methods in Engineering. 46(1):131-150.

[70] STOLARSKI T. A. 2000. "Tribology in Machine Design". 1st Ed. Montaner Butterworth-Heinemann. Great Britain.

[71] PYTEL A. 1999. "Ingeniería Mecánica: Estática". 2da Edición. Internacional Thomson Editores. Mexico.

[72] JONES J. R. 1971. "Lubrication, friction and wear". NASA

[73] SHUKLA ARUN. 2005. "Practical Fracture Mechanics in Design". Second Edition. Marcel Dekker.

[74] E. GRACIANI, V. MANTIČ, F. PARÍS. 2007."Análisis del Efecto de la Fricción en una grieta en el interior de un tubo sometido a compresión". Anales de la Mecánica de Fractura, Vol 2; 423-428.

[75] LEWICKI DAVID G. 1996 "Effect of Rim Thickness on Gear Crack Propagation Path". Army Research Laboratory Technical Report ARL-TR-1110. U.S.A.

[76] SHIGLEY J. E. 2006. "Mechanical Engineering Design". 8th Edition. McGraw-Hill. U.S.A.

[77] HAMMOUDA. "Mode II stress intensity factors for central slant cracks with frictional surfaces in uniaxially compressed plates". International Journal of Fatigue 24 1213–1222. Great Britain. 2002.

[78] CHAPRA S.1998 "Métodos Numéricos para Ingenieros".Ed. McGraw-Hill. México.

Apéndice A. Desarrollo de Griffith

Griffith [5] en su trabajo demostró que cuando una placa de material elástico la cual contiene una grieta, se estresa, la energía potencial decrece y la energía superficial se incrementa. La energía potencial está relacionada con la liberación de la energía almacenada y el trabajo realizado por las cargas externas. La "energía de superficie" resulta a partir de la presencia de la grieta.

Mediante la consideración de la figura 2.2.1, Griffith [5] estimó la energía de superficie específica y el decremento de la energía potencial cuando la placa es cargada y contiene una grieta de longitud *2a*. Por lo que la energía potencial viene dado por:

$$U = U_0 - U_a + U_\gamma \qquad (A.1)$$

$$U = U_0 - \frac{\pi\beta a^2\sigma^2 B}{E} + 2(2aB\gamma_s) \qquad (A.2)$$

Donde:

U = Energía potencial del cuerpo agrietado.
U_0= Energía potencial del cuerpo no agrietado.
U_a= Energía elástica debida a la presencia de la grieta.
a = Mitad de la longitud de la grieta.
$4aB = 2(2aB)$= Área total de la grieta.
γ_s = Energía de superficie especifica.
E = Modulo de elasticidad.
σ = Esfuerzo aplicado.
ν = Relación de Poisson.

β = 1 para esfuerzo plano = 1-ν^2 para deformación plana.
La condición de equilibrio de la ecuación A.2 esta definido por la primera derivada parcial con respecto a la longitud de la grieta. Si *dU/da =0,* el tamaño de la grieta y la energía de superficie total son, respectivamente:

$$a = \frac{(2\gamma_s)E}{\pi\beta\sigma^2} \qquad (A.3)$$

$$2\gamma_s = \frac{\pi\beta a\sigma^2}{E} \qquad (A.4)$$

Reordenando la ecuación A.4 resulta en la expresión más significativa en la Mecánica de la Fractura Lineal-Elástica:

$$\sigma\sqrt{\pi a} = \sqrt{\frac{(2\gamma_s)E}{\beta}} \qquad (A.5)$$

$$\boxed{K_I = \sigma\sqrt{\pi a}} \qquad (A.6)$$

Apéndice B. Valores de K_{Ic}

Las tablas siguientes muestran los valores típicos del límite de cedencia y la tenacidad a la fractura para varias aleaciones [62]:

Tabla B. K_{IC} para diferentes materiales y orientaciones de muestra.

Material	Condición	Orientación de la muestra	Temperatura °C	σ_{yz} (MPa)	K_{Ic} $MPa\sqrt{m}$
2020-T651	Placa	L-T	21 - 32	525-540	22-27
2020-T651	Placa	T-L	21 -32	530-540	19
2024-T351	Placa	L-T	27 - 29	370-385	31-44
2024-T351	Placa	T-L	27 - 29	305-385	30-37
2024-T851	Placa	L-T	21 - 32	455	23-28
2024-T851	Placa	T-L	21 - 32	440-455	21-24
2124-T851	Placa	L-T	21 - 32	440-460	27-36
2219-T851	Placa	L-T	21 - 32	345-360	36-41
2219-T851	Placa	T-L	21 - 32	340-345	28-38
7049-T73	Forjado	L-T	21 - 32	460-510	31-38
7049-T73	Forjado	T-L	21 - 32	460-470	21-27
7050-T73651	Placa	L-T	21 - 32	460-510	33-41
7050-T73651	Placa	T-L	21 - 32	450-510	29-38
7050-T73651	Placa	S-L	21 - 32	430-440	25-28
7075-T651	Placa	L-T	21 - 32	515-560	27-31
7075-T651	Placa	T-L	21 - 32	510-530	25-28
7075-T651	Placa	S-L	21 - 32	460-485	16-21
7075-T7351	Placa	L-T	21 - 32	400-455	31-35
7075-T7351	Placa	T-L	21 - 32	395-405	26-41
7475-T651	Placa	T-L	21 - 32	505-515	33-27
7475-T7351	Placa	T-L	21 - 32	395-420	39-44
7079-T651	Placa	L-T	21 - 32	525-540	29-33
7079-T651	Placa	T-L	21 - 32	505-510	24-28
7178-T651	Placa	L-T	21 - 32	560	26-30
7178-T651	Placa	T-L	21 - 32	540-560	22-26
7178-T651	Placa	S-L	21 - 32	470	17
Ferro aleaciones					
4330 V (275 °C)	Forjado	L-T	21	1 400	86-94
4330 V (425 °C)	Forjado	L-T	21	1 350	103-110
4340 V (205 °C)	Forjado	L-T	21	1 580-1 660	44-66
4340 V (260 °C)	Placa	L-T	21	1 495-1 640	50-63
4340 V (425 °C)	Forjado	L-T	21	1 360-1 445	79-91
D6AC (540 °C)	Placa	L-T	21	1 450	102
D6AC (540 °C)	Placa	L-T	-54	1 785	88-97
9-A-20 (550 °C)	Placa	L-T	21	1 905	50-64

K_{Ic} es una propiedad esencialmente anisotrópica, de ahí que las normas para su evaluación incluyan una nomenclatura especial para definir la orientación. La nomenclatura más empleada es la ASTM, la cual identifica las tres direcciones en una placa como: L, longitud; T, transversal y S, corte o dirección del espesor y en un cilindro o disco: L, longitudinal; C, longitudinal y R radial. La identificación consta de dos letras donde la primera identifica la normal al plano de fractura y la segunda la dirección de propagación de la grieta. La siguiente figura muestra algunos ejemplos:

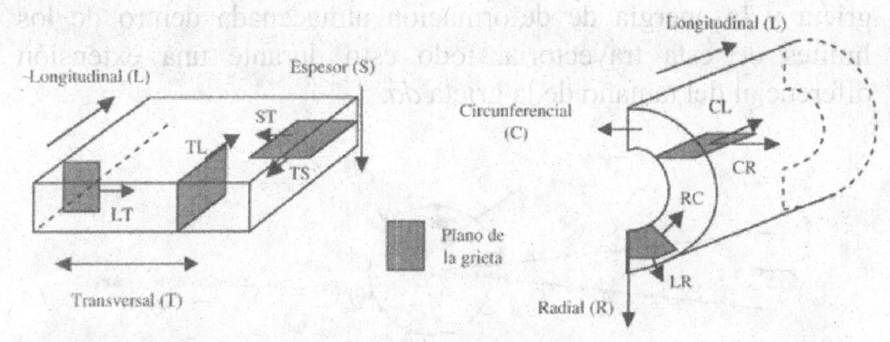

Figura B.1. Notación ASTM para orientación de especímenes para prueba K_{Ic}.

Apéndice C. Desarrollo de Rice

Desde un punto de vista físico, la integral J es el balance de energía alrededor de una trayectoria en la vecindad de la punta de una grieta, como se ilustra en la figura C.1. El balance de energía se realiza entre el trabajo suministrado por las tensiones *T* actuando sobre una superficie compuesta de elementos diferenciales *ds* sobre una trayectoria cerrada alrededor de la grieta y la energía de deformación almacenada dentro de los límites de esta trayectoria, todo esto durante una extensión diferencial del tamaño de la grieta *da*.

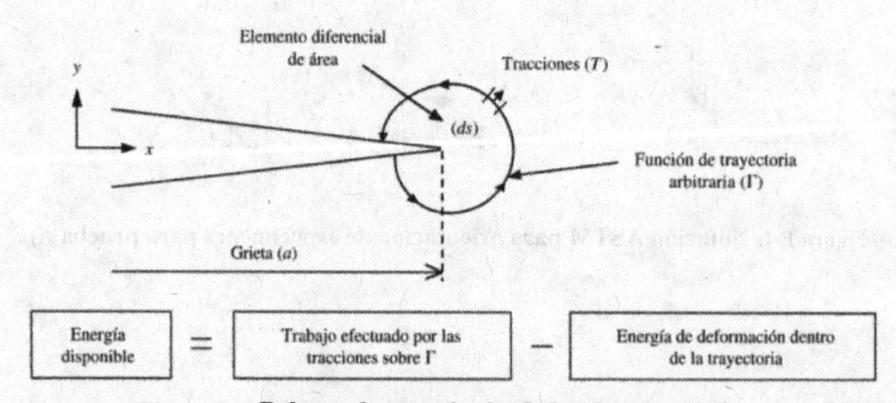

Figura C.1. Balance de energía alrededor de una grieta.

De acuerdo con Rice, el balance de energía, o sea la integral *J,* se define por la siguiente expresión:

$$J = \int_{\Gamma} \left(W dy - T \frac{\partial U}{\partial s} \partial s \right) = 0 \qquad (C.1)$$

Donde *T* es la tracción sobre un elemento diferencial de superficie ds a lo largo de una trayectoria *Γ*. *U* es la energía almacenada en el cuerpo y *W* es el trabajo esfuerzo-deformación, dado por:

$$W = \int_0^{\varepsilon} \sigma_{ij} d\varepsilon_{ij} \qquad (C.2)$$

A partir de un diagrama carga-desplazamiento de un cuerpo agrietado con comportamiento no lineal, como el de la figura C.2, se puede visualizar el cambio de energía debido a la extensión de la grieta. Si la carga se incrementa hasta el punto A en la figura C.1.a y el desplazamiento se fija en el punto C, al haber una extensión Δa de la grieta, la carga presentará un descenso ΔP, hasta el punto B. En este caso, el cambio de energía debido a la extensión de la grieta es el área OAC menos el área OBC (zona sombreada).

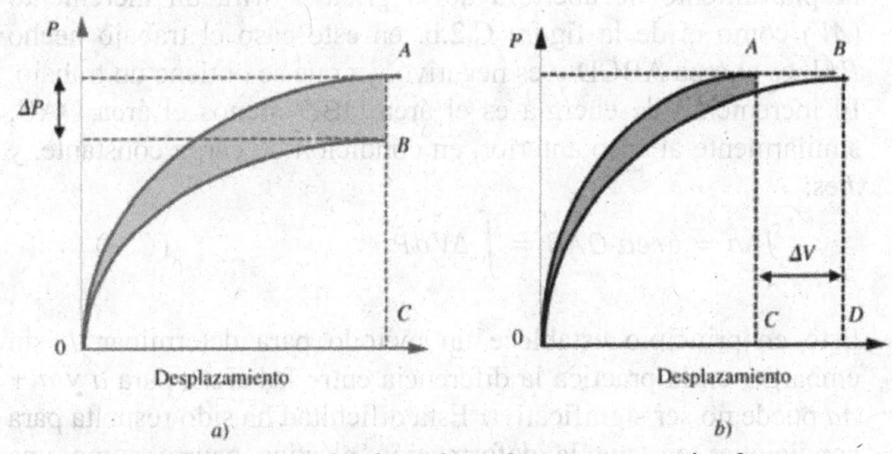

Figura C.2. Curva carga-desplazamiento de un cuerpo agrietado, con deformación elastoplastica. a) Desplazamiento constante. b) Carga constante.

Otra menara de definir *J* es como el cambio de la energía almacenada al extender la grieta:

$$J = -\frac{dU}{Bda} \qquad (C.3)$$

Entonces

$$J\Delta a\Delta U = área\ OAB = \int \Delta P dv \qquad (C.4)$$

Así, para condiciones de desplazamiento constante, *J* se puede expresar como:

$$J = -\int \frac{\Delta P}{\Delta a} dv \qquad (C.5)$$

Si $\Delta a \to 0$:

$$J = -\int_0^P \left(\frac{dP}{da}\right)_v dv \qquad (C.6)$$

Si ahora se considera que la carga se incrementa de nuevo hasta el punto A y queda fija ahí, al ocurrir la extensión de la grieta, el desplazamiento de abertura de la grieta sufrirá un incremento (ΔV) como el de la figura C.2.b. en este caso el trabajo hecho $P\Delta V$ es el área ABCD y es negativo, ya que se obtiene un trabajo. El incremento de energía es el área OBD menos el área OAC, similarmente al caso anterior, en condición de carga constante, y *J* es:

$$J\Delta a = área\ OAB = \int \Delta V dP \qquad (C.7)$$

Esto en principio establece un método para determinar *J,* sin embargo, en la práctica la diferencia entre las áreas para a y $a +$ Δa puede no ser significativa. Esta dificultad ha sido resuelta para condiciones en que la deformación plástica ocurre como una franja estrecha en el ligamento como se indica en la figura C.3 y ha sido demostrado que para un espesor B, *J* esta dado por:

$$J = \frac{2A}{B(W-a)} \qquad (C.8)$$

Donde A es el área bajo la curva carga-desplazamiento limitada por una recta paralela a la porción lineal de la curva, trazada desde el desplazamiento hasta el cual se desea calcular *J*.

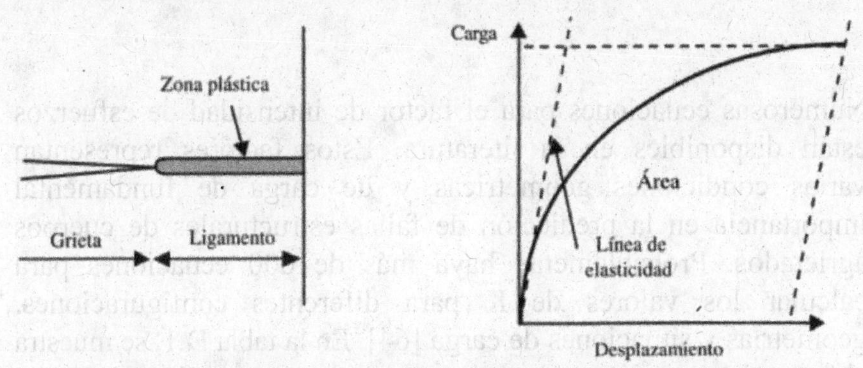

Figura C.3. Condición para *J* válida y área utilizada para calcular *J*.

Para incluir la contribución de la porción elástica, la *J* total está dada por:

$$J = \frac{K^2}{E}(1 - v^2) + \frac{2A}{B(W - a)} \qquad (C.9)$$

Los valores de J pueden ser utilizados para el análisis de la fractura en principio, porque la integral J es totalmente equivalente a la rapidez de liberación de energía G. la equivalencia viene dada por las siguientes expresiones siempre y cuando la plasticidad no sea extensa:

$$J = G = \frac{K^2}{E} \ (Esfuerzo\ Plano)$$

$$J = G = \frac{K^2}{E}(1 - v^2) \ (Deformacion\ Plana)$$

Apéndice D. Factor de corrección α

Numerosas ecuaciones para el factor de intensidad de esfuerzos están disponibles en la literatura. Estos factores representan varias condiciones geométricas y de carga de fundamental importancia en la predicción de fallas estructurales de cuerpos agrietados. Probablemente haya más de 600 ecuaciones para calcular los valores de K para diferentes configuraciones, geometrías y situaciones de carga [64]. En la tabla D.1, se muestra el factor de corrección geométrico para diferentes configuraciones:

Apéndice D. Factor de corrección α

Tabla D.1.Configuraciones de grieta y Factores de corrección geométrica [64].

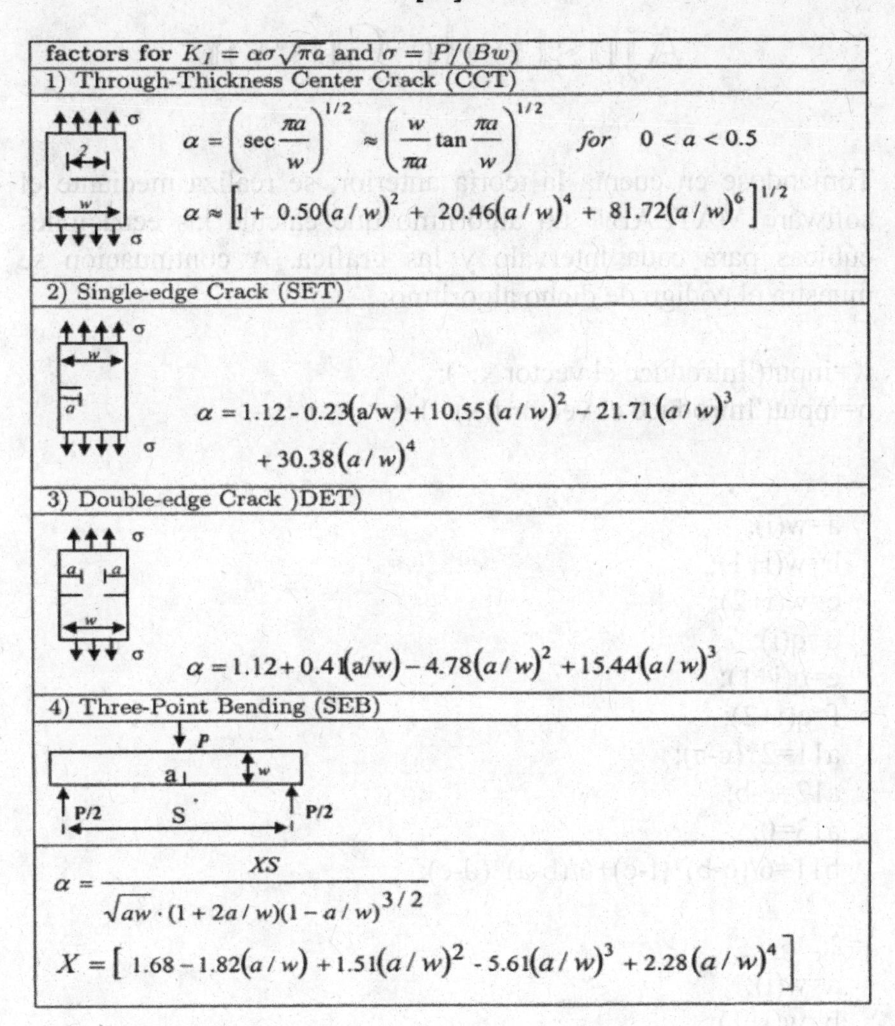

factors for $K_I = \alpha\sigma\sqrt{\pi a}$ and $\sigma = P/(Bw)$

1) Through-Thickness Center Crack (CCT)

$$\alpha = \left(\sec\frac{\pi a}{w}\right)^{1/2} \approx \left(\frac{w}{\pi a}\tan\frac{\pi a}{w}\right)^{1/2} \quad for \quad 0 < a < 0.5$$

$$\alpha \approx \left[1 + 0.50(a/w)^2 + 20.46(a/w)^4 + 81.72(a/w)^6\right]^{1/2}$$

2) Single-edge Crack (SET)

$$\alpha = 1.12 - 0.23(a/w) + 10.55(a/w)^2 - 21.71(a/w)^3 + 30.38(a/w)^4$$

3) Double-edge Crack)DET)

$$\alpha = 1.12 + 0.41(a/w) - 4.78(a/w)^2 + 15.44(a/w)^3$$

4) Three-Point Bending (SEB)

$$\alpha = \frac{XS}{\sqrt{aw}\cdot(1+2a/w)(1-a/w)^{3/2}}$$

$$X = \left[1.68 - 1.82(a/w) + 1.51(a/w)^2 - 5.61(a/w)^3 + 2.28(a/w)^4\right]$$

Apéndice E. Ajuste de Curva

Tomándose en cuenta la teoría anterior, se realiza mediante el software MATLAB® un algoritmo que calcula las ecuaciones cúbicas para cada intervalo y las grafica. A continuación se muestra el código de dicho algoritmo:

```
w=input('Introduce el vector x: ');
q=input('Introduce el vector f(x): ');

i=1;
  a=w(i);
  b=w(i+1);
  c=w(i+2);
  d=q(i);
  e=q(i+1);
  f=q(i+2);
  a11=2*(c-a);
  a12=c-b;
  a13=0;
  b11=6/(c-b)*(f-e)+6/(b-a)*(d-e);

i=2;
  a=w(i);
  b=w(i+1);
  c=w(i+2);
  d=q(i);
  e=q(i+1);
  f=q(i+2);
  a21=(b-a);
  a22=2*(c-a);
  a23=(c-b);
```

```
    b21=6/(c-b)*(f-e)+6/(b-a)*(d-e);

i=3;
    a=w(i);
    b=w(i+1);
    c=w(i+2);
    d=q(i);
    e=q(i+1);
    f=q(i+2);
    a31=0;
    a32= (b-a);
    a33=2*(c-a);
    b31=6/(c-b)*(f-e)+6/(b-a)*(d-e);

  A= [a11 a12 a13; a21 a22 a23; a31 a32 a33];
  B= [b11; b21; b31];
  der=inv(A)*B;
 f1=0;
 f2=der(1);
 f3=der(2);
 f4=der(3);
 f5=0;
 syms x

i=1;
    a=w(i);
    b=w(i+1);
    c=w(i+2);
    d=q(i);
    e=q(i+1);
    f=q(i+2);
    z=w(1):w(2); %Intervalo 1
    fxa1=f2/(6*(b-a))*z.^3+(d/(b-a))*(b-z)+(e/(b-a)-f2*(b-
a)/6)*(z-a);
    y1=f2/(6*(b-a))*x^3+(d/(b-a))*(b-x)+(e/(b-a)-f2*(b-a)/6)*(x-
a)
```

```
grid on
line(z,fxa1)

i=2;
a=w(i);
b=w(i+1);
c=w(i+2);
d=q(i);
e=q(i+1);
f=q(i+2);
z=w(2):w(3); %intervalo 2
fxa2=f2/(6*(b-a))*(b-z).^3+f3/(6*(b-a))*(z-a).^3+(d/(b-a)-
f2*(b-a)/6)*(b-z)+(e/(b-a)-f3*(b-a)/6)*(z-a);
y2=f2/(6*(b-a))*(b-x)^3+f3/(6*(b-a))*(x-a)^3+(d/(b-a)-f2*(b-
a)/6)*(b-x)+(e/(b-a)-f3*(b-a)/6)*(x-a)
line(z,fxa2)

i=3;
a=w(i);
b=w(i+1);
d=q(i);
e=q(i+1);
z=w(3):w(4); %intervalo 3
fxa3=f3/(6*(b-a))*(b-z).^3+f4/(6*(b-a))*(z-a).^3+(d/(b-a)-
f3*(b-a)/6)*(b-z)+(e/(b-a)-f4*(b-a)/6)*(z-a);
y3=f3/(6*(b-a))*(b-x)^3+f4/(6*(b-a))*(x-a)^3+(d/(b-a)-f3*(b-
a)/6)*(b-x)+(e/(b-a)-f4*(b-a)/6)*(x-a)
line(z,fxa3)

i=4;
a=w(i);
b=w(i+1);
d=q(i);
e=q(i+1);
z=w(4):w(5); %Intervalo 4
```

```
fxa4=f4/(6*(b-a))*(b-z).^3+f5/(6*(b-a))*(z-a).^3+(d/(b-a)-
f4*(b-a)/6)*(b-z)+(e/(b-a)-f5*(b-a)/6)*(z-a);
y4=f4/(6*(b-a))*(b-x)^3+f5/(6*(b-a))*(x-a)^3+(d/(b-a)-f4*(b-
a)/6)*(b-x)+(e/(b-a)-f5*(b-a)/6)*(x-a)
line(z,fxa4)
```

Los resultados del algoritmo anterior para un vector [x]= [0 10 20 30] y un vector [f(x)]= [9.398 8.128 9.829 8.96], se muestran a continuación:

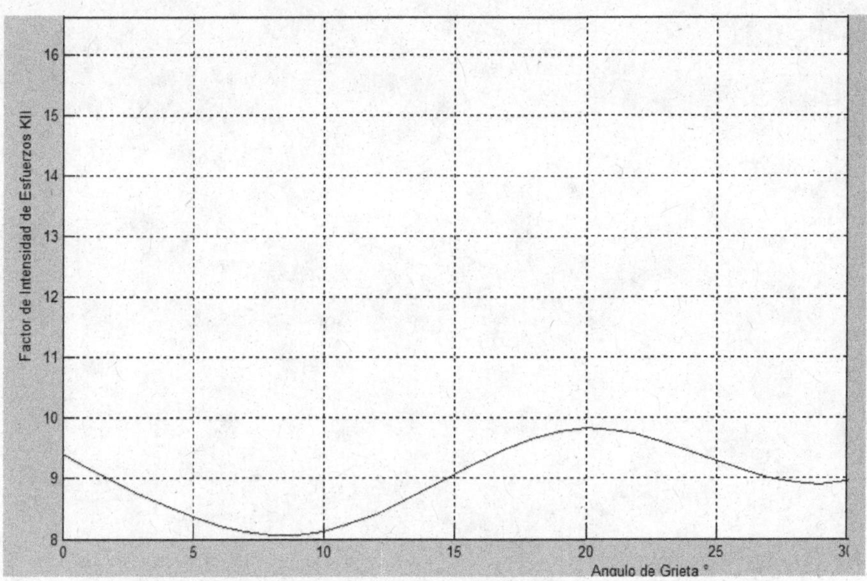

Figura B. 1 SIF's contra ángulo de grieta (Grafica de MATLAB)

Las ecuaciones para los intervalos son:

Para el intervalo $0 \leq x \leq 10$:

y1= (4936972266037027*x^3)/4611686018427387904 - (83089*x)/355000 + 4699/500

Para el intervalo $10 \leq x \leq 20$:

y2= (28987*x)/71000 - (6046569903400337*(x - 10)^3)/4611686018427387904 –
+(4936972266037027*(x - 20)^3)/4611686018427387904 + 21121/7100

Para el intervalo 20≤ x≤30:

y3= (7397274280205935*(x - 20)^3)/4611686018427387904 –
+(756255708427121857*x)/1998472334645657600 +
+(6046569903400337*(x - 30)^3)/4611686018427387904 +
+1869418872573588673/99923616732282880

Biografía de los autores

Dr. JORGE BEDOLLA HERNÁNDEZ

Nacido en Xipetzinco, Tlaxcala, México, el 23 de Abril de 1974. Estudio la carrera de Técnico en Electromecánica, en el área Físico-Matemático, en el CBTis 3 en Tlaxcala, Tlaxcala. Obtuvo el título de Ingeniero Electromecánico por el Instituto Tecnológico de Apizaco en 1997, en Apizaco, Tlaxcala. Posteriormente el grado de Maestro en Ciencias en Ingeniería Mecánica y de Doctor en Ciencias en Ingeniería Mecánica por el Centro Nacional de Investigación y Desarrollo Tecnológico (Cenidet), ubicado en la ciudad de Cuernavaca, Morelos, México, en 1998 y 2005 respectivamente. Realizó estancia posdoctoral en 2006 en The Thermal Machinery Laboratory, ABB Turbo Systems LTD., en Baden, Suiza, en el grupo ZXM-4 de mecánica computacional con proyectos relacionados con integridad estructural de motores, turbinas y compresores, usando el método de elemento finito (MEF). Colaboró en el "Cenidet" de 1998 al 2011 como investigador y profesor de posgrado, participando como investigador en más de 19 proyectos relacionados con el diseño mecánico. Director de 15 tesis de maestría concluidas relacionadas con el diseño mecánico. Sinodal en 5 exámenes de grado de Doctor. Autor o coautor de 46 publicaciones técnico científicas. Miembro del Registro CONACYT de Evaluadores Acreditados (RCEA). Miembro del Sistema Nacional de Investigadores (SNI) del 1 de enero de 2007 al 31 de diciembre de 2009. Reconocimiento a Perfil Deseable Promep, de 2005 a la Fecha. Miembro Titular de la Sociedad Mexicana de Ingeniería Mecánica A.C., desde septiembre de 2002. Miembro del Cuerpo Académico de investigación "Optimación del Comportamiento

Estático y Dinámico de Sistemas Mecánicos" PROMEP. Actualmente es Profesor del Instituto Tecnológico de Apizaco, presidente de academia de metal mecánica, miembro del cuerpo académico "Diseño mecánico y térmico" con reconocimiento PROMEP, reconocimiento como NPTC por PROMEP, reconocimiento a perfil deseable PROMEP 2013-2015, desarrollo de proyectos de investigación (2 concluidos como jefe de proyecto), responsable de 2 proyectos de investigación en proceso con financiamiento externo.

ING. EFRÉN SÁNCHEZ FLORES

Es Ingeniero electromecánico por el Instituto Tecnológico de Apizaco, Apizaco, Tlaxcala, México, cuyo título obtuvo en 2008. Realizó estudios de maestría en ingeniería Mecánica en el Centro Nacional de Investigación y Desarrollo Tecnológico en Cuernavaca, Morelos, México, entre 2007 y 2009, actualmente en proceso de obtención del grado. Desde 2009 labora para el Instituto de Seguridad Social y Servicios Sociales de los trabajadores del Estado, en Tlaxcala, México, en el mantenimiento, reparación y puesta en marcha de instrumental y equipo médico.

DR. VICENTE FLORES LARA

Nació el 18 de Julio de 1970 en la población de Acuitlapilco, del municipio de Tlaxcala de Xicoténcatl, México. Los estudios de educación básica los realizó en la escuela primaria Atzayacatzin de la misma población y en la escuela secundaria federal Presidente Juárez en la ciudad de Tlaxcala, donde también realizó los estudios de bachillerato técnico con la especialidad de electromecánica, continuando con la especialidad, estudio la licenciatura en Ingeniería Electromecánica en el Instituto

Tecnológico de Apizaco, terminando los estudios de licenciatura en el año de 1992. Posteriormente realizó estudios de posgrado en el campo de la energía al mismo tiempo de trabajar en el departamento de ingeniería en sistemas de energía de la Universidad de Quintana Roo, finalmente obtuvo el grado de doctor en ingeniería en el año del 2003, por parte de la facultad de ingeniería de la Universidad Nacional de Autónoma de México. Actualmente es profesor del departamento de Metal-Mecánica del Instituto Tecnológico de Apizaco y promotor de tecnologías alternativas para el aprovechamiento de las energías renovables.

DR. JOSÉ VÍCTOR GALAVIZ RODRÍGUEZ

Ingeniero Industrial en Producción y Maestría en Ingeniería Administrativa egresado del Instituto Tecnológico de Apizaco, Doctorado en Planeación Estratégica y Desarrollo de Tecnología en la Universidad Popular Autónoma del Estado de Puebla (UPAEP), Promep: Representante del Cuerpo Académico Ingeniería en Procesos en Formación. IES: Uttlax-Ca-2. Profesor Investigador T.C. Titular "B". Actividad laboral. Industrias Alimenticias Nacionales S.A. Industrias Alimenticias Hermosillo S.A. de C.V. Porcelanite S.A. de C.V. y Lamosa Revestimiento S.A. de C.V. Actualmente es profesor investigador T.C. Titular "B" en las Carreras de Ingeniería en Procesos y Operaciones Industriales e Ingeniería de Mantenimiento Industrial, de la Universidad Tecnológica de Tlaxcala

DR. CARLOS ALBERTO MORA SANTOS

Es Ingeniero Electromecánico egresado del Instituto Tecnológico de Apizaco, obtuvo los grados de Maestro en Ciencias y Doctorado en Ciencias en Ingeniería Mecánica en la Sección de

Estudios de Posgrado e Investigación de la Escuela Superior de Ingeniería Mecánica y Eléctrica del Instituto Politécnico Nacional. Actualmente es docente en el Departamento de Metal-Mecánica del Instituto Tecnológico de Apizaco y en la carrera de Mecatrónica Área Automatización de la Universidad Tecnológica de Tlaxcala.